秋

〔苏〕维·比安基　著

苏玲　译

人民文学出版社

PEOPLE'S LITERATURE PUBLISHING HOUSE

图书在版编目(CIP)数据

森林报.秋/(苏)维·比安基著；苏玲译.—北京：人民文学出版社,2017
ISBN 978-7-02-012529-6

Ⅰ.①森… Ⅱ.①维… ②苏… Ⅲ.①森林-儿童读物 Ⅳ.①S7-49

中国版本图书馆 CIP 数据核字(2017)第 041894 号

责任编辑：朱卫净 尚 飞 杨 芹
装帧设计：李 佳
封面插图：万 琼

出版发行 人民文学出版社
社 址 北京市朝内大街 166 号
邮政编码 100705
网 址 http://www.rw-cn.com

印 刷 上海盛通时代印刷有限公司
经 销 全国新华书店等

开 本 890 毫米×1240 毫米 1/32
印 张 4.625
字 数 91 千字
版 次 2017 年 10 月北京第 1 版
印 次 2018 年 7 月第 2 次印刷

书 号 978-7-02-012529-6
定 价 25.00 元

如有印装质量问题,请与本社图书销售中心调换。电话:010-65233595

目 录

> 请注意！请注意！/ 注意！注意！这是来自亚马尔冻土带的报道 / 这是来自乌拉尔原始森林的报道 / 这是来自荒原的报道 / 这是来自高山的报道 / 这是来自乌克兰草原的报道 / 注意！注意！这是来自海洋的报道

森林报 第8期 储备冬粮月 / 59

> 过冬的小不点儿 / 大家都在为春天做准备 / 储备蔬菜 / 松鼠的干燥机 / 活动粮仓 / 自带储藏室

> 小偷被偷了 / 夏天又来了吗 / 惊扰了泥鳅和青蛙 / 红胸小鸟 / 捉住一只松鼠 / 我的小鸭 / 星鸟之谜

> 小菜园的收成 / 农庄植树周

> 动物园里 / 没有螺旋桨的小飞机 / 快看野鸭 / 鳗的最后旅程

> 带猎犬在泥泞路上追踪 / 地下的搏斗

森林的一年

应该向我们的读者说明，《森林报》上关于森林与城市的消息都是些旧闻。难道不是这样的吗？每年都有春天，但每年的春天都是新的，不管你活多少年，也不会看到两个相同的春天。

一年，就好比一个有十二根辐条的轮子——每根辐条代表一个月：十二根辐条转过，轮子就转了一圈，接着又开始新的一轮。但此时的轮子已经不在原处了，它已经滚到了新的地方。

春天又到了。森林苏醒过来，熊从洞穴里出来，水淹没了地窖里的居民，鸟儿飞来了。鸟儿的嬉戏和舞蹈开始了，各种动物的幼崽出生了。《森林报》的读者们可以看到森林中各种最新的消息。

我们这里使用森林历。它丝毫不像我们通常所见的日历，不过这也没有什么值得奇怪的。

因为鸟兽、昆虫的一切活动与我们人类都是不同的。它们有它们自己的日历：森林中的所有生物，都是依靠太阳来过日子的。

一年之中，太阳在天上兜了一个巨大的圈。每个月它都走过一个宫，也就是黄道十二宫中的一个宫，我们也叫它十二星座。

在森林历中，新年不在冬天，而在春天——当太阳回到白羊宫的时候。森林中最快乐的节日一般都在迎接太阳的时刻，而阴郁的日子，也就是为太阳送行的时候。

森林历上的月份数与我们正常日历上的月份数相同，也是十二个月。不过，我们对它们的称呼是完全不同的，得按森林里的叫法。

森林历

月份

1 月：大地复苏月（春季一月），3 月 21 日至 4 月 20 日

2 月：候鸟回归月（春季二月），4 月 21 日至 5 月 20 日

3 月：载歌载舞月（春季三月），5 月 21 日至 6 月 20 日

4 月：筑巢建窝月（夏季一月），6 月 21 日至 7 月 20 日

5 月：雏鸟出生月（夏季二月），7 月 21 日至 8 月 20 日

6 月：成群结队月（夏季三月），8 月 21 日至 9 月 20 日

7 月：告别故乡月（秋季一月），9 月 21 日至 10 月 20 日

8 月：储备冬粮月（秋季二月），10 月 21 日至 11 月 20 日

9 月：冬客临门月（秋季三月），11 月 21 日至 12 月 20 日

10 月：猎道覆雪月（冬季一月），12 月 21 日至 1 月 20 日

11 月：饥饿难挨月（冬季二月），1 月 21 日至 2 月 20 日

12 月：春前忍耐月（冬季三月），2 月 21 日至 3 月 20 日

森林报

第 7 期

9 月 21 日至 10 月 20 日

告别故乡月

太阳进入天秤宫（秋季一月）

主要内容

告别故乡月

告别故乡月到来了。

和春天一样，来自森林的电报又雪片般飞到了编辑部。这些电报告诉我们，什么时候有什么事情发生，什么地方又发生了什么事件。如同在候鸟回归月时一样，鸟类的迁徙又开始了——现在是从北方迁到南方。

秋天就这样开始了。

/ 告别之歌 /

桦树上的树叶已经稀稀落落，早已被主人丢弃的小房子——椋鸟巢，在光秃秃的枝头上孤独地摇曳着。

突然，有两只椋鸟不知为什么又飞了回来。雌鸟溜进了椋鸟巢，麻利地在里面忙碌着。雄鸟落在小树枝上，坐着，四处张望着……它开始唱歌了！但是，歌声低低的，仿佛只唱给自己听。

歌声停止了。雌鸟从鸟窝里飞出来，一转身，飞快地朝着自己的伙伴飞去了。雄鸟紧紧跟随在雌鸟身后。是时候了，是时候了。不是今天，就是明天，它们就要踏上遥远的旅途。

它们这是在与小房子告别。夏天，它们在这里孵出了自己的孩子。

它们不会忘记这个鸟巢。明年春天，它们还会回来。

/ 清澈的早晨 /

9月15日，秋高气爽。像往常一样，我一大早就来到了花园。

出门一看，天高云淡，空气有些凉爽，树木、灌木和草丛间，银色发亮的蜘蛛网被扯破了。蜘蛛网的细丝上，缀满了小玻璃球似的露珠。每个蜘蛛网的中央，都有一个蜘蛛。

一只蜘蛛在两棵云杉树之间拉起了银色的网。这张网，像是由冰冷的露珠所结成的一块水晶，又好像是一个玻璃宝座，一敲就能发出咔嚓的声响。蜘蛛蜷成一团，像个小球，一动不动。是苍蝇还没有飞来，所以它可以睡大觉？还是，它可能已经死了，是被冻死的？

我用小指头小心翼翼地碰了碰它。

蜘蛛没有任何反应，只是像一粒没有生命的小石子儿一样掉落在地上。但是，一落到地上的草丛里，它就很快地站起来，一溜烟跑得不见了踪影。

这个小骗子！

有趣的是，这只蜘蛛还会返回自己的蜘蛛网吗？它找得到吗？或者，它会再织一个新的网？要知道，那得花费多少精力啊，得跑多少个来回，紧紧地打上多少个结，才能把新网织起来。这需要多少劳动啊！

露珠在小草尖上颤动着，就像长长的睫毛上的眼泪。露珠里闪烁出五彩的亮光，就像闪烁着无比的喜悦。

道路两旁，最后开花的洋甘菊正拖着自己白色的花瓣短裙，等着晒晒太阳呢。

空气中透着些凉意，显得洁净和透亮。一切都是那么美，那么朝气蓬勃，充满欢乐的气氛——五彩缤纷的树叶，沾满了露珠和蜘蛛网的银色小草，夏天从来见不到的湛蓝湛蓝的河流。我能够找到的最难看的东西，是一朵湿湿的粘在一起的蒲公英，绒毛脱落的一半成了个缺口。还有，就是一只毛茸茸的灰不溜秋的夜蛾，它脑袋上的皮脱落了，皮下面的肉都能看得见。也许，那是被鸟啄掉的吧。夏天，脑袋上顶着成千个降落伞的蒲公英是多么雍容华贵啊！夜蛾呢，浑身毛茸茸的，脑袋扁平而干巴！

我很可怜它们，把夜蛾放到了蒲公英上，把它们久久地捧在手里，让它们晒到太阳。这时，太阳已经升到森林上空。蒲公英和夜蛾凉凉的，湿湿的。可它们并没死，渐渐地有了活气。蒲公英脑袋上粘在一起的灰色降落伞干了，白了，变得轻盈，渐渐立了起来；夜蛾的翅膀暖和过来有了力气，那一身天鹅绒开始变得蓬松，呈烟灰色。终于，这些可怜的丑家伙们也变得漂亮起来。

在森林的某个地方，雄黑琴鸡正低声细语地叨唠着什么。

我走近灌木丛，想躲到灌木丛后面接近它，看看它究竟在轻言细语地嘟囔什么。

我刚一走近灌木丛，这黑色的家伙便呼的一声飞了起来，像是从我的脚底下冒出来似的，倒把我吓了一激灵。

原来，它就在我身边待着呢，可我还以为它离我很远很远。

一阵鹤鸣传进了我的耳朵，这时，一群鹤正飞过我的头顶。

它们把我远远地抛在了身后……

森林来电之一

穿着鲜艳华丽、喜欢唱歌的鸟儿们不见了踪影。它们是什么时候离开的，我们没有看见，因为它们是深夜动身的。

很多鸟儿喜欢夜间飞行，因为这样会更安全。黑暗中，老鹰、隼和其他猛禽就不会伤着它们了，也不会从林子里出来在半路上候着它们

了。飞向南方的路，这些已经来回飞过的鸟儿都认识，就是在漆黑的深夜里也不会迷路。

一群群水禽走的是海路，它们是野鸭、潜鸟、大雁和鷸。这些长翅膀的旅行者，途中会在它们春天停留过的地方歇息。

森林中树叶变黄了。母兔又生了六只小兔。这是今年最后一窝兔崽了，我们叫它落叶兔。

在长满绿苔的河湾岸边上，不知是谁夜里往上面印了一些十字。淤泥上满是这种十字和小点。我们在河湾岸上搭建了一个窝棚，想看看，到底是谁在这里胡闹。

（少年自然科学研究组组员日记摘抄）

森林大事记

/ 游着旅行 /

草场上的草奄拉着脑袋，已经开始打蔫了。

有名的快腿——长脚秧鸡，已经开始了自己的长途旅行。

潜鸟和潜鸭展开了海上旅行线路的飞行。它们有很强的潜水技能，能潜入水底捕捉小鱼，因此很少用翅膀飞行。它们游啊，游啊。靠着游泳，它们经过了一个又一个的湖泊和河湾。

它们甚至不必像野鸭一样，先得在水上挺挺身子，然后再将身体潜入水中。潜鸟和潜鸭的身体非常灵巧，只要把头一低，带蹼的脚就会像船桨一样用力划动，它们就潜到很深的地方去了。雄潜鸟和雌潜鸟把水底当作自己的家。任何一种猛禽也不可能追踪到这里。它们游泳的速度非常之快，甚至可能赶上鱼。

与猛禽相比，它们的飞行速度却慢得多。为什么要采用飞行的方式增加危险性呢？只要有可能，潜鸟和潜鸭就会采用游泳的方式来完成自己遥远的旅行任务。

/ 森林大汉的格斗 /

傍晚，森林中偶尔会传来低沉而短促的吼叫声。从密林里，走出了森林中的庞然大物——带犄角的公驼鹿。它的吼声低沉，像是从肚子里发出的，这是在向对手进行挑战。

斗士们来到林中空地。它们用蹄子刨着地面，巨大的犄角可怕地抖动着，眼睛里充满血丝。它们低下带角的头颅，直扑对手，撕扯起来，鹿角在冲撞中发出嘎巴嘎巴的巨大声响。它们用庞大的身躯去压住对方，竭力想扭断对方的脖子。

如果长时间相持不下，斗士们会分开一会儿，然后又重新投入战斗。它们或低身将脑袋触向地面，或扬起前蹄，或用犄角进行格斗。

森林中，鹿角相撞所发出的声音巨大无比。难怪人们要把雄驼鹿称为"犁角鹿"，因为它的犄角又宽又大，就像分叉的木犁。

格斗结束了，有时候，战败的斗士会急忙从战场上逃走；有时候，战败方会在致命的击打下倒下，可怕的犄角连在被折断的脖子上，淌着血。而胜利者呢，会用尖硬的蹄子继续击打对手。

一阵更加响亮的吼叫声响彻森林。"犁角鹿"宣告了自己的胜利。

森林深处，有一头没长角的雌驼鹿正在等着它。胜利者成

了这片林子的主人。

胜利的雄驼鹿不允许任何"犁角鹿"进入自己的领地，甚至连幼年的雄驼鹿，也会被它赶得远远的。

一阵低沉的吼声再次响起，传得很远很远。

/ 最后结的浆果 /

沼泽地里，酸果蔓成熟了。它生长在含泥炭的土堆中，果子直接躺在青苔上。因此远远就能看见它的果子，可果子长在什么上面，却不清楚。只有走近一些，你才会看清，在长着青苔的地面上，有一些细得像线似的小茎，在这些茎的两侧，长着有些发亮的小黄叶。酸果蔓的果实就长在这发亮的小黄叶中。

原来，它也是一株小灌木呢！

■ 尼·帕夫洛娃

/ 上　路 /

每天夜晚，都有长着翅膀的旅行者上路。它们时而不慌不忙地飞着，时而不声不响、久久地停留着，完全不像春天时那样匆忙。看来，它们是舍不得离开故乡呢。

鸟儿们飞行的顺序也刚好与春天相反。现在，色彩鲜艳的鸟儿先走，春天时先飞来的苍头燕雀、云雀和鸥最后离开。在许多鸟群中，是年幼的先飞走。苍头燕雀是雌的比雄的先飞。因为身体强壮和能吃苦耐劳的鸟儿，在北方坚持的时间能更久一些。

大部分鸟儿都直接飞向了南方——飞往法国、意大利、西班牙，飞往地中海和非洲；有些鸟儿往东飞去，经乌拉尔、西伯利亚到印度；有些鸟儿甚至飞到了美洲。它们就这样，不辞劳苦地飞过数千公里路程。

/ 等着帮手 /

乔木、灌木和草都在忙着安排自己的后代。

槭树枝上垂下了一对对翅果，翅果已经裂开，正等待着风儿把它们的种子吹走。

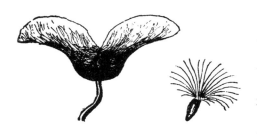

各种草也在等着风的到来。蓟（jì）草的茎高高的，浅灰色细丝般的长穗已从干燥的篮子形状的花序里探出了毛茸茸的身子；香蒲把自己的秆儿举过了沼泽上的草丛，梢上裹了一层褐色的皮；山柳菊顶着毛茸茸的圆球，等待在晴朗的天气里被微风吹散。

还有很多别的草，它们的果实上会有或长或短、或普通或漂亮的茸毛。

在收割完庄稼的地里，在道路和水沟旁，牛蒡草、鬼针草这些植物与前面的小草不同，盼望的不是风，而是四条腿的牲畜或两条腿的人了：牛蒡草的果实像个干干的小篮子，里面装满了带棱角的种子；鬼针草长着黑色的三角形果实，最爱把人们的短袜刺破；还有拽着人就不放手的猪秧秧，它的果实又圆又小。如果它钩住了衣裙，得用一团毛线球才能把它粘下来。

■ 尼·帕夫洛娃

/ 最后的蘑菇 /

森林里现在很凄凉，到处光秃秃、湿漉漉的，散发着烂树叶的气味。只有一件事让人高兴，那就是采蜜环菌。蜜环菌有的一堆一堆地长在树墩上，爬在树干上；还有的散落在地面上，好像是掉了队，在这里独自徘徊。看着它就令人愉快。

看着赏心悦目，采摘时也十分开心。几分钟里你就能采一小筐。你可以只采蜜环菌的菇头，其他的都不要。

小小的菇头非常可爱，它张开着，像一顶婴儿的包发帽，帽子下面是一条白色的围巾。不久，它会变成一顶真正的帽子，而围巾就变成了领子。

整个菇头上长满了流苏似的鳞片。蜜环菌是什么颜色的呢？很难准确描述，不过看上去赏心悦目，是一种淡淡的褐色。而菇头背面的皱褶是白色的，老的蜜环菌背面有点泛黄。

人们发现，老蘑菇的菇头盖到嫩蘑菇上的时候，嫩蘑菇上就像被扑了一层粉，你可能会想："它是不是长霉了？"不过，你很快就会反应过来："这是芽孢！"它是从老蘑菇上抖落下来的。

你想吃蜜环菌，一定要知道识别它的方法。市场上，人们常常可以看到与蜜环菌一起出售的毒蘑菇。它们很相似，并且都生长在树墩上。但这些毒蘑菇的菇头下面没有领子，菇头上没有鳞片，菇头的颜色也很鲜艳，有黄的，有粉红的。它的背面是黄的或浅绿的，芽孢也是深色的。这样的毒蘑菇可千万不能吃！

■ 尼·帕夫洛娃

森林来电之二

通过悄悄地观察，我们终于明白了，是谁在河湾岸上的淤泥里印上了十字和小点儿。

原来，这都是鹬干的。河湾拐弯处的泥沼，是鹬的小饭馆。它们在这里停留，休息，吃点东西。它们的长爪子踩在松软的淤泥上，留下了三个大大张开的趾印。而那些小点儿，是它们把长长的嘴插进泥沼时留下的。它们要在里面找出小虫子当早餐。

我们抓住了一只鹬。整个夏天，它都住在我们的屋顶上。我们在它的脚上拴了一个轻巧的金属环（铝制的）。金属环上刻着这样的字：莫斯科，鸟类学研究委员会，A组，195号。然后我们就将它放了。让它带着脚环飞行吧。如果谁在它的越冬地捉住了它，我们就会从报纸上得知我们这里的鹬在哪里越冬。

森林中树叶斑斓绚丽，有的已经开始掉落了。

■ 特约通讯员

城市新闻

/ 野蛮袭击 /

一个大白天，在列宁格勒伊萨基耶夫教堂广场，一桩野蛮的袭击事件就发生在行人们的眼皮底下。

一群鸽子从广场的地面飞起。原来，从伊萨基耶夫教堂的穹顶上冲出了一只巨大的游隼，它正攻击着最靠边的一只鸽子。空中，羽毛乱飞。

被吓坏了的鸽子们飞快地冲向了大房子的屋檐下，而那只游隼则擒着被击倒的牺牲品，慢腾腾地飞回了教堂的穹顶里。

我们的城市上空，是大隼飞行的必经路线。那些长翅膀的猛禽喜欢在教堂的穹顶或钟楼顶上修建自己的强盗窝，因为在那里是城市的制高点，更有利于观察猎物。

/ 夜间骚扰 /

几乎每个夜晚，城郊都有骚扰事件发生。

听到院子里传来一阵嘈杂声，人们从床上跳起，把脑袋伸出窗外查看。是怎么回事，发生了什么事吗？

院子里，家禽们正使劲地扇着翅膀，鹅在咯咯叫，鸭子嘎嘎叫。莫非黄鼠狼袭击了它们，或者是狐狸钻进了院里？

可在这个石头城里、大铁门内，哪来的狐狸和黄鼠狼呢？

主人们会看看院子，再看看小鸡。一切正常。什么也没有，谁也不可能钻进有坚固门锁和大门闩的院子。事情很简单，可能是那些小鸡做噩梦了吧。现在，它们已经安静下来了。

主人重新回到床上，安心地睡下了。

过了一个钟头，又响起了一阵咯咯嘎嘎的叫声，又是一阵惊慌，一阵骚乱。怎么回事？院里又怎么了？

那就干脆打开窗户，藏起来，仔细观察。黑黢黢的天空中，星星闪烁着金光。四周寂静无声。

忽然，好像有一个个无法捕捉的影子从上空划过，一个个地遮住了天上闪着金光的小星星。一阵轻轻的、断断续续的叫声传来，不知是谁在漆黑的夜空中叫了起来。

院子里的家鸭和家鹅立刻惊醒，似乎被一种遗忘很久的力量所驱使，这些家禽在黑暗中使劲地拍打起了翅膀。它们踮起脚掌，伸着脖子，叫着，叫声十分痛苦和凄惨。

它们那些自由的野姐妹们在黑暗的高空中回应着它们。石头房子和铁皮屋顶上，那些长翅膀的旅行者一群接一群地飞了过去，拉起了长长的队伍。野鸭的翅膀发出了啪啪声响，大雁和黑雁发出了略带喉音的呼唤。

"嗬嗬，嗬嗬，嗬嗬！上路！上路！离开城里和寒冷！上路啊，上路啊！"

飞行者嗬嗬的叫声消失在远处。而石头院落里，早已疏于飞行的家鹅和家鸭们只能眼巴巴地看着了。

/ 八万株乔木和灌木 /

少年园艺爱好者积极参与了植树周活动。

列宁格勒少年自然爱好者工作站已准备好了四万株果树和灌木的插枝。

最近几天，果树及浆果站向全城分发了五千株苹果、越橘、醋栗果和其他观赏性植物的树苗。

列宁格勒的花园、公园、街心花园和广场、街道，都在进行乔木和灌木的秋种。槭树、橡树、桦树、丁香和金银花树让城市变绿了。今年秋天，少年自然科学研究组组员们共种植了八万多株乔木和灌木。

■ 列宁格勒塔斯社

/ 沙黄鼠* /

我们正在选土豆，突然从牲畜栏里传来呜呜呜的叫声。接着，狗儿跑了过去，蹲在刚才发出叫声的地方嗅起来，声音从地底下发出。狗开始用蹄子去刨地，一边刨地一边嗷嗷叫着，因为能感觉到那小动物在动。小狗刨出了一个小坑，能看到这个动物的小脑袋了。接着，小狗将这个坑越刨越大，最后把小动物从里面拽了出来，而这小动物也把狗咬了一口。小狗扑了过去，大叫起来。这个小动物大小和小猪崽儿差不多，毛色灰蓝，其中还掺杂着黄黑白三种颜色。我们这里叫它沙黄鼠（也就是仓鼠）。

■ 森林通讯员　巴拉肖娃·玛丽雅

/ 忘了蘑菇 /

九月份，我和同学们到森林里采蘑菇。我吓飞了林子里的

---

*　有 * 标记的是编辑部收到的来信。

四只花尾榛鸡。这些榛鸡是灰色的，脖子有点短。

接着，我看见了一条被打死的蛇。它已经干瘪了，挂在一个小树墩上。在树墩里有个小洞，里面传来咝咝的声响。我想，这一定是个蛇窝，于是拔腿逃离了这个可怕的地方。

后来，当我走近沼泽的时候，我看见了这一辈子都没见过的景象：七只鹤，就像七只大雁一样，从沼泽里飞起。以前，我只是在学校的画片上见过鹤的模样。

同学们个个都采了满满一篮子蘑菇，而我却一直在林子里疯跑。到处都有小鸟飞来飞去，到处是唧唧喳喳的叫声。

回家路上，看见一只灰兔穿过小路，它的脖子是白的，后腿也是白的。

路过那个有蛇洞的树墩时，我绕开了。我们还看见了很多大雁。它们飞过我们的村子，嗝嗝嗝地大声叫着。

■ 森林通讯员　别热缅内依

/ 喜　鹊* /

春天，农村的孩子们喜欢掏喜鹊窝。于是，我就从他们手里买到了一只喜鹊。只花了一天时间吧，这只喜鹊就被驯化了。第二天，它已经会喝水和吃东西。我们叫它科杜尼亚。它习惯了这样的称呼，还会答应呢。

翅膀长长时，喜鹊喜欢飞到门上去，然后坐在上面。门对面的厨房里有一个可拉出来的抽屉，里面总是放着一些水果。只要你打开抽屉，喜鹊就会从门上冲过来，用飞快的速度，抓起里面的东西。你如果要从它手里把东西夺回来，它就会大喊大叫，表示不满意。

我要去打水，叫了一声：

"科杜尼亚，跟我走！"

它就会飞到我的肩上，跟我一起走。

我们开始喝茶了，喜鹊当起了主人。它又是抓糖又是抓小圆面包，最后还把爪子直接伸进了滚烫的牛奶里。

最可笑的事，是在我进菜园子给胡萝卜地除杂草时发生的。

科杜尼亚先是站在菜地地垄上看着我忙乎，然后开始像我一样把草从地里拽出来，把它们堆成一堆。它在帮我除草呢。

只是这个助手不会区分杂草和胡萝卜，它把它们都拽出来了。

■ 森林通讯员　维拉·米赫耶娃

/ 都藏起来了 /

天气冷起来，越来越冷！

美好的夏天过去了……

血液都快凝固了，动作变得懒洋洋的，大家都打起了瞌睡。

长尾巴的北螈在池塘里度过了整个夏天，从来没有离开过。现在，它开始上岸，慢慢地向森林爬去。它找到一个腐烂的树墩，钻了进去，在里面缩成了一团。

青蛙刚好相反，它从岸上跳进了水里。它潜入水底，藏进淤泥和泥沼里。蛇和蜥蜴则藏到了树根下，把头埋在温暖的青苔里。鱼儿们成群结队地待在水底的深坑里，或是水底再深一些的土坑里。

蛾子、苍蝇、蚊子和甲虫不是钻进了树皮上的小缝和小洞里，就是钻进墙壁和围墙的裂缝中。蚂蚁堵住了自己高高的城堡大门，把进出口都堵上了。它们进入到城堡的最深处，团成一堆，挨得越来越紧，就像凝固在一起似的。

饥饿袭来，它们很饿！

寒冷并不像肚子饿那么可怕，身体里流的血是热的——兽类和鸟类都是这样，只要有粮食吃，就像肚子里生了炉子。但现在伴随着寒冷而来的是饥饿。

蛾子、苍蝇和蚊子都躲了起来，蝙蝠就没有什么可吃的了。它们藏进了树洞、树缝或悬崖的裂缝里，还有的藏在阁楼的屋顶下。蝙蝠把后脚爪挂在

一个固定的地方，就像合上雨衣一样合上了自己的翅膀，开始睡起了大觉。

青蛙、癞蛤蟆、蜥蜴、蛇和蜗牛都藏起来了。刺猬躲进了自

己建在树根下的草窝里。獾已经很少走出自己的窝了。

/ 让城市变绿 /

去年秋天和今年夏天，列宁格勒总共种植了三十七万四千棵树，其中有椴树、槭树、杨树、桦树和榆树。

各个公园、花园和大道两旁，种植了七十七万八千株观赏性灌木和数十万株多年开花的花草。这段时间，城市花园、公园的栽种面积大大地扩大了。

明年秋天，我们还将种植数十万株乔木和灌木。

■ 列宁格勒塔斯社

/ 和平树 * /

前不久，我校同学向莫斯科地区拉缅区的低年级同学发出倡议，号召每人在植树周里种植一棵和平树。青年米丘林工作者和园艺师们答应为我们种植和维护和平树提供帮助。这些校园中的和平树，将伴随我们一起成长！

■ 莫斯科地区茹科夫城四年级全体同学

森林来电之三

清晨，寒流袭人。

有的灌木树树叶像是被刀削过一般，雨点一样洒落下来。

飞蛾、苍蝇和甲虫都各自找地方躲起来了。

会唱歌的鸟儿们急急忙忙钻进了灌木丛和小树林，它们已经感到饿了。

只有鸫鸟不抱怨，它们成群结队地冲向了一串串成熟的花楸果。

在落光了树叶的林子里，冷风呼啸。树木进入了深深的睡眠。

林子里再也听不见歌声了。

■ 特约通讯员

农庄日志

田里空荡荡的。丰收的庄稼已经收割了。农庄的人们和城市居民们都吃上了新粮食做成的馅饼和面包。

又到了收割亚麻的时候了。在宽谷地的坡上，人们把一束束亚麻铺开，让它们被雨水浇湿，被太阳晒干，被风吹透。最后把它们运到谷场揉碎，把麻抽出来。

孩子们开学已经一个月了。他们不能来帮忙了。人们开始挖土豆，把挖出来的土豆运到火车站，或者在干燥的沙丘里挖个深坑，把土豆储藏在坑里。

菜园子也空旷起来。最后收割的，是包得紧紧实实的圆白菜。

越冬作物的地头上一片浓密的绿色。刚刚收割完秋粮的农庄人，又为祖国种下了新一轮的庄稼，并期待更大的收获。

秋麦地里，灰色山鹑们现在已经不再以家庭为单位，而是组成了庞大的一群在越冬作物地里集体活动着，它们有成百只，甚至更多。

打山鹑的季节快结束了。

/ 征服冲沟 * /

因水土流失，在我们的地里出现了很多冲沟。它们延伸着，分割着农庄的土地。农庄人为此十分着急，我们这些孩子——少先队员们，也和大人们一样担心。我们队会的主题之一，就是如何更好地与冲沟进行斗争，阻止它们的扩大。

我们知道，在冲沟的旁边植树会很有成效。因为树根会紧紧地抓住地基，坚固冲沟的边缘和坡面。

队会是在春天开的。我们早就在专业苗圃里培育出了杨树和藤类灌木以及金合欢树苗近千株。现在正值秋季，我们就要把树苗种下去。

几年以后，冲沟的斜坡上将长满乔木和灌木林。那些冲沟，就会乖乖地听话了。

■ 少先队大队长　科里亚·阿加丰诺夫

/ 采集树种 /

九月，很多树和灌木的种子和果实都成熟了。这时候，为育林带、绿化水渠和新池塘而准备更多的种子特别重要。

大部分乔木和灌木种子的最好采集时机，是它们成熟的晚期，或者是在它们刚一成熟时就采集最好。应该争取在最短的期限内完成采集。尖叶子槭树、橡树和西伯利亚落叶松的种子采集尤其不能迟。

九月，人们开始采集苹果树、野梨树、西伯利亚苹果树、红色接骨木、皂荚树、雪球花树、栗子树（喂马的和食用的）树种，也采集榛子树（森林中的坚果）、窄叶胡颓子、沙棘、丁香、多刺李和野蔷薇的种子，甚至还采集只有克里木和高加索才能见到的梜（jiā）木种子。

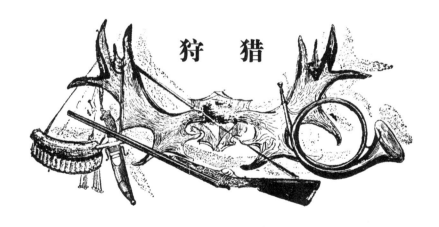

狩猎

/ 被骗的黑琴鸡 /

秋天快到的时候，黑琴鸡会聚集起一大群。其中有羽毛密实的雄黑琴鸡，有棕红色带麻点的雌黑琴鸡，还有一些小鸡崽。

这群黑琴鸡闹闹嚷嚷地落在了浆果树丛里。

鸟儿们四散开去。有的啄坚硬的红色越橘，有的用爪子拨开草丛，吞食小石子和小沙子。石子和沙子都有助于消化，把嗉子和胃里坚硬的食物磨细。

从地上铺着的厚厚一层枯叶上，传来一阵刷刷的脚步声。

黑琴鸡抬起头，警惕起来。

那脚步正朝这边跑来！树林间闪现出了莱卡犬长着尖耳朵的脑袋。

黑琴鸡们有的不情愿地飞回到树枝上，有的藏进了草丛中。

莱卡犬在浆果树丛里来回跑着，惊飞了所有的鸟。

然后，它坐到了一棵树下，看中了一只黑琴鸡，对着它汪汪大叫。

黑琴鸡也目不转睛地看着狗。在树上待着，它很快就觉得乏味了。它在树枝上来回踱着步，脖子总是转向莱卡犬的方向。

这是一只多么讨厌的狗啊！怎么还坐在那里，还不走啊！有点想吃东西了……要是可以自己做主，它就会飞下来，去啄一口浆果……

突然，一声枪响，这只黑琴鸡落到了地上。当它在忙着看莱卡犬的时候，猎人悄悄走近并出其不意地朝树上开了火。鸟群噗的一声惊起，飞到森林的上空，远远地离开了猎人。下面闪过一块块林中空地，还有一片片森林。在哪里落下呢？这里是不是也藏着猎人？

在林边光秃秃的坡顶上，一棵小桦树上停着黑糊糊的几只黑琴鸡，它们一共有三只。看来这是个可以安全降落的地方了。如果有人在桦树林里，鸟儿们就不会这么安闲地待着了。

这群黑琴鸡越飞越低，最后唧唧喳喳地停在了树梢上。原先在那里停着的黑琴鸡没有朝它们转过头来，它们一动不动地坐着，像个树墩。新来的黑琴鸡仔细地打量它们：黑琴鸡倒是像黑琴鸡，全身黑色，眉毛是红的，翅膀上带有白色，尾巴上有花纹，黑得发亮的眼睛。

一切正常。

砰！砰！

这是怎么回事，哪来的枪声？为什么有两只新来的黑琴鸡从树枝上落下去了？

一阵薄薄的烟雾在树梢上升起，很快就消散了。但是，那三只黑琴鸡还照旧在那里坐着。新来的黑琴鸡也同样坐着，看着它们。树下一个人也没有，干吗还要飞呢？

它们转动着脑袋，看看四周，放心了。

砰！砰！

又有一只黑琴鸡缩成一团掉到地上，另一只腾地在树梢上高高飞起，在空中挣扎了一下，最后还是落了下来。被惊起的

黑琴鸡群从树上逃开，在那只被击中的受伤黑琴鸡从高空啪的一声落地之前，它们就跑得没影儿了。只有原来那三只黑琴鸡还像先前一样待着，一动不动地坐在树梢。

树下，一个持枪的人从隐蔽的窝棚里走出来，取走了猎物。随后，他把枪靠在树上，又爬上了桦树。

桦树树梢上，黑琴鸡的黑眼睛若有所思地看着森林上空的某个地方。一动不动的黑琴鸡的黑眼睛，原来是两粒珠子。而那个一动不动的黑琴鸡，原来是用黑色毛绒布片做成的。只有它的嘴是真正的黑琴鸡的嘴，而开叉的尾巴是用真正的黑琴鸡羽毛做的。

猎人取下这个标本，又爬到另外的树枝上去取其他两个标本去了。

远处，被吓怕了的黑琴鸡群在森林的上空飞着，怀疑地看着每棵树、每个灌木丛。也许那里也会有新的危险？到哪里可以躲过猎人狡猾的花招呢？什么时候你也不可能预先知道，他会对你做什么……

/ 好奇的大雁 /

大雁是很好奇的，对此猎人非常清楚。而且猎人还知道，没有比大雁警惕性更高的鸟了。

现在，有一大群大雁正在离河岸一公里的浅滩上。人无法走近它，也不能爬过去，更不能飞过去。它们把头埋在翅膀里，一只脚站着，睡得正香呢。

它们有什么好怕的，因为它们有警卫员。这一群雁的前后左右每个方向都有一只年老的雁，它既不睡，也不打盹儿，总是机敏地看着四周，为雁群站岗放哨。等着吧，就给它们来个出其不意！

一条小狗出现在河岸上。担任警戒的老雁们立刻伸长了脖子。它们在观察，小狗到底要做什么？

小狗在河滩上跑着，一会儿朝这边，一会儿朝那边。它好像在沙子里找什么东西，一点都没有注意到那些雁。

没什么可疑的。可老雁还是很好奇，狗为什么老是来来回回地跑呢？应该走近一些看看……

于是一只担任警戒的老雁一瘸一拐地走到水里，向小狗所

在的河岸边游去。另外三四只雁被轻轻拍打的水声惊醒，它们也看见了狗，也向河岸游去。

大雁们走近一看，原来，从岸上的一块大石头后面，飞出了一块块面包，一会儿朝这边扔一个，一会儿朝那边扔一个，面包块全落在了河岸上。小狗摇着尾巴，朝那些面包团冲过去。

这些面包团是从哪里来的呢？

谁在石头后面？

大雁们近了些，再近一些，已经走上岸了，它们伸长了脖子，尽量想探个究竟……从石头后跳出的猎人一阵射击，这些好奇的脑袋一下子都落到了水里。

/ 六条腿的马 /

大雁们在地里觅食，担任警戒的大雁则立在四周。它们警觉地防备每一个人，或者是一条狗。

远处有一群马在放牧。大雁不怕它们。马是众所周知的温驯动物，它是食草的，不会攻击鸟类。

忽然，一匹马慢慢地朝雁群走来，走得离大雁群越来越近。那又怎么样，就算等它来到了跟前，也来得及起飞。

多奇怪的马，它居然有六条腿。难道是畸形吗？更奇怪的是，这匹马其中四条腿是正常的马腿，而另外两条腿却穿着裤子。

担任警戒的雁嘎嘎地发出了警报。觅食的大雁们的头都从地上抬了起来。

那匹马慢慢地靠近了。

一只任警戒的雁张开翅膀飞起来，想去看个究竟。

它从空中看到，马的后面藏着一个人，他的手里还拿着枪。

"嗬嗬嗬，嗬嗬嗬！"侦察员发出了逃跑的信号。

整个雁群一下子挥动着翅膀，沉甸甸的身子立刻升上了天空。

沮丧的猎人朝着雁群放了两枪。但雁群已经飞远了，不见了踪影。

大雁们得救了。

/ 应　战 /

在森林的这个时节，每到傍晚都能听到枝形角的动物们格斗的巨大声响。

"来打一场吧，谁也别吝惜自己的命！"

于是，老驼鹿从长满青苔的地方站起身来。它那宽宽的角上带有十三个齿，巨大的个子有两米高，体重达四百公斤。

谁敢和这位森林的壮士打擂台呢？

老驼鹿把自己重重的蹄子踏进了潮湿的青苔里，在行进的路上折断了一些小树枝，它正愤怒地奔向挑战者发出声音的地方。

又是一阵交战中鹿角碰撞发出的巨响。

老驼鹿发出一阵可怕的狂号作为回应，黑琴鸡群听到吓得噗的一声从桦树上飞走了，胆小的兔子也害怕得蹿起老高，最后拼命跑进了密林。

"谁敢来！……"

驼鹿的眼睛充血。它不由分说地往前朝对手冲了过去。树木少了，前面是一块林中空地。对手应该就在那里了！

老驼鹿使劲从林中冲出来，还没看清敌人，就用犄角去撞击对方，用重重的身体去压倒敌人，用尖尖的蹄子去踩踏对方。

直到枪声响起，老驼鹿才看见树后有个带枪的人，他腰间还别着一个大大的喇叭。

受伤的驼鹿冲向密林，因为虚弱而步子蹒跚，伤口还在流着血。

猎兔开始了

/ 猎人出发 /

通常，十月十五日的报纸上会刊登宣布猎兔季开始的公告。

就像八月初一样，车厢里又挤满了猎人们。他们又带着狗，有的人还带了两只甚至更多，狗脖子上都拴着皮带。但这次的狗已经不是夏天带的那种狗了，它们不是普通的猎犬。

这是些健壮的大狗，四条腿又高又直，大脑袋，狼嘴，毛色粗糙，颜色各异：有黑色的，有灰色的，有褐色的，有黄色的，有深红色的。它们斑点的颜色也各不相同：有黑的、灰的、深红色的、褐色的、黄色的、深红色中带一块鞍形黑毛的。

这也是一种猎犬，有雌雄两种。它们的任务是追踪野兽的足迹，把野兽赶走，而且汪汪叫着，让猎人知道野兽是按什么路线逃的、兜了多大的圈，最后猎人就能站在有利位置上向野兽射击。

带着这种大块头的凶狗在城里走动是很困难的。很多人都不带狗出行。我们一伙人也没带。

我们是到希索伊·希索伊奇那里去参加围捕野兔。

我们一共十二个人，占了火车上整整三个包厢。所有的乘客都吃惊地打量着我们的一个同伴，笑着，窃窃私语。

不过真的有趣，我们这位同伴是个大块头，他胖得几乎所有的门都无法轻易进出。他的体重将近一百五十公斤。医生嘱咐他多走路。

这位伙计不是猎人，但他是个射击高手，在室内靶场赢过我们所有的人。这不，为了在旅行中更有意思，他决定和我们一起出来打一趟猎。

■特约通讯员

/ 围　　捕 /

傍晚，希索伊·希索伊奇在一个森林小站迎接我们。我们在他家过了夜，天刚蒙蒙亮，我们就出发打猎去了。一大群人热热闹闹地走着。希索伊·希索伊奇说服二十个农庄的人加入了围猎人的队伍。

在森林边，我们停下了。我把带数字的字条卷放进了帽子。我们十二个射手，轮流抓阄（jiū）：谁抓到几号就站在几号位。

闹嚷嚷的人群朝森林里走去。希索伊·希索伊奇开始按号码的顺序在宽阔的林间通道上安排我们的位置。

我抓到的是六号，我们的胖子是七号。希索伊·希索伊奇指好了我的位置，开始向新手讲解围捕的规则：在射手的线路上不能射击，那样会打到邻居；当围捕者的声音临近时不能射击；狍子不能打，那是不允许的；要等待信号。

胖子的位置离我有六十步的样子。围捕兔子和围捕熊不同：围捕熊的时候，如果在一百五十步开外，就可以开枪射击。在围猎场上，希索伊·希索伊奇对猎人们很严厉。我听见他是怎么训导胖子的：

"你往灌木林里钻什么？那样会妨碍射击。就站在一株灌木旁，就在这里。兔子是往下看的。而你的脚，抱歉，你的胖笨脚，请你把它们打开一点：兔子很简单，它会把它们当成树墩。"

布置好射手，希索伊·希索伊奇骑上马，去森林里安排围捕的人们了。

还得等很久才开始围捕。我四下张望起来。

在我前面四十步的地方，是一堵由光秃秃的赤杨和山杨、明晃晃的桦树和深色蓬松的云杉相间所组成的墙。从那里，从森林的深处，过一会儿就有野兔跑出来，也许还会有一只雄黑琴鸡飞出来，如果运气好，说不定还会碰到森林中最大的长翅膀的大家伙——雄松鸡。可别射偏啊！

时间走得像蜗牛一样慢。胖子的感觉会怎么样呢？

只见胖子这只脚换到那只脚地站着，说真的，他真像树墩一样……

突然，在安静下来的林子里响起了两声低沉而拉长的狩猎号角声：这是希索伊·希索伊奇在将围捕圈子向前——向我们这里推进；他在向我们发出信号。

胖子抬起了两只胖乎乎的手。在他手里，双筒猎枪就像是根细细的小拐杖。他举起枪，做出了瞄准的姿势。

好家伙！这么早就准备了，双手会累着的。

喊叫声暂时还听不见。

不过已经有人开始射击，一会儿从右边射出一枪，一会儿又从左边射出一枪。大家已经开火了！可我还没有开始射击。

胖子也在射击了——砰砰！这回，打的是黑琴鸡。它们飞得很高，没打中。

已经能听到围猎者们低微的呼应声和手杖敲打树木的声音。侧面，是哐啷哐啷的声音……而我跟前，既没有跑的兔子，也没有飞的黑琴鸡！

终于让我等到了！一个白中带灰的家伙从树干后面闪过，是一只还没完全褪毛的雪兔。

这可是我的！天啊，那个丑八怪转弯了！它朝胖子跳了过去……那，你还等什么？打吧，打吧！

啪！

没射中！……

雪兔又直冲着我来了。

啪！

有个什么东西从雪兔身边跑开。吓得要死的兔子冲进了胖子两个树墩一样的腿之间。胖子一下夹紧了两脚……

难道用腿来抓兔子吗？

雪兔钻了过去，而大块头沉重的身躯直直地摔到了地上。

我不禁哈哈大笑，透过笑出来的眼泪，我看见两只雪兔从森林窜到我的面前，但我不能射击。因为兔子是沿着射手线路在跑。

胖子慢慢地爬起来，站起身。他用大手将一把白色的绒毛递给我，像在给我展示什么。

我叫了起来：

"你没受伤吧？"

"没关系。好歹夹到了它的尾巴！这小兔崽子。"

真是个怪人！

射击停止了。闹喳喳的人们从林子里出来，大家都朝胖子走去。

"摔个屁股蹲儿啊，大叔？"

"屁股还在，瞧瞧，肚子也还在呢！"

"难以想象，怎么会这么胖！也许，他是把野禽啊什么的往衣服里塞了吧，这个胖子。"

可怜的射手！在城里，在我们的室内靶场，什么时候受过这种羞辱？

希索伊·希索伊奇已经催促我们去新的围猎地了。

/ 瓮中捉鳖 /

现在，所有农庄来的人都在向我们靠拢。他们带着枪，可到现在还没开过火。眼下我们有二十个射手了。在田野中央，在山丘上，有一个阁楼。夏天，守林人在那里瞭望，看看森林中有没有什么地方着火。

希索伊·希索伊奇安排我们排成一个宽阔的大概有三四公里的圆圈。而他自己也和我们一起在这个圆圈里。

号角吹响。我们都不急于向前，而是从各个方向朝阁楼靠近。

在某一株灌木丛下，或者是在哪块石头下面，就躲着缩成一团的灰兔。猎人靠得更近了：灰兔们将灰色的皮毛紧紧贴着地面，最好是躺着别动，否则一起身或一个小动作就会暴露。

一只灰兔从地面的低处蹿到我的面前。我开枪射击，但没打中！灰兔立刻从我身边跑开。但那一边也有猎人。灰兔冲到这边，冲到那边，不管走到哪里都会遇到猎人。它陷入了人们的包围圈，像是掉到了锅里，已无处藏身。忽然不知是谁的子弹打中了它，它头朝下翻了两三个跟头，倒地毙命。

在田野的另一边，有好多灰兔。我们所有人几乎都有收获，只有胖子两手空空。他脱离了包围圈，一着急，没有打中一只猎物。

包围圈越缩越小，快到阁楼跟前了。我们每个人之间的距离已不足百步。两只灰兔在圈子里跑来跑去……

但希索伊·希索伊奇的一声号角让射击停了下来。

在猎人们哈哈的笑声和喊声中，两只灰兔灰溜溜地从人们中间溜了出去，麻利地朝森林跑去。

我们这群闹嚷嚷的人沿着森林大道返程了。我们身后的大车上，是我们两次围捕的战利品，还有胖子。他累了，正在大车上面气喘吁吁。

猎人们可不心疼这个可怜的人，他们尽情地嘲笑他。

突然，在道路转弯的地方，天上飞出来一只大黑鸟，有两只黑琴鸡那么大。它从我们中间飞过去，也沿着大路在向前飞着。

大家都举起猎枪。一阵激烈的枪声响彻在森林的上空。每个人都急切地希望射中这稀罕的猎物。

黑鸟还在飞着。它已经飞到了大车的上空。

胖子也举起了枪。他坐着，双筒猎枪在他手里就像是芦苇秆。

他开了枪。

只见大黑鸟像是有点不真实地在空中冲了一下，突然停止了飞翔，像块木头一样从高处落到了路上。

"嘿，太棒了！"不知是哪个农夫发出了一声赞叹，"看看，是谁开的枪。"

我们这些猎人发窘了，一声不吭。大家都开枪了，大家也都看见了……

胖子捡起了雄松鸡，这只老得长了胡子的森林公鸡简直比兔子还重，这可是我们每个人都愿意用一天的收获去交换的。

大家终于不再嘲笑胖子了。人们都忘记他是怎么用腿去夹兔子的了。

全国各地
无线电播报

/ 请注意！请注意！ /

这里是列宁格勒《森林报》编辑部。

今天是 9 月 22 日，秋分，现在继续我们来自祖国各地的报道。

我们唤醒了冻土带和原始森林，唤醒了荒原和高山，唤醒了草原和大海。

请告诉我们，你们那里在这个秋天都发生了什么?

/ 注意！注意！
这是来自亚马尔冻土带的报道 /

我们这里什么都结束了。再也听不见悬崖上鸟儿的歌唱和啁啾。夏天，那里曾经多么热闹。如今，小小的歌唱家兄弟们飞

离我们了，雁、鸭、海鸥和乌鸦也都飞走了。到处一片寂静。偶尔传来一阵可怕的骨头敲击的声音：这是公驼鹿犄角撞击发出的声响。

这里早在八月就开始了晨冻。现在，所有的水面都结了冰。打鱼的帆船和机动船早就离开了。轮船还动不了，它在等待沉重的破冰船艰难地在厚厚的冰原上为它开路。

白天越来越短。夜晚是漫长、黑暗和寒冷的。空中飘起了白白的雪花。

/ 这是来自乌拉尔原始森林的报道 /

我们正忙着迎来送往，接待客人们。我们迎接了唱歌的鸟儿，还有从北方冻土带到我们这里的野鸭和大雁。它们只是从我们这里飞过，不会停留太久。今天有一群鸟儿停在这里休息，吃点东西，可明天你再去一看，它们都不见了。原来，夜里它们已经出发，去了很远的地方，不过，它们倒也没有赶得太急。

我们送走了在这里过夏天的鸟儿。这些候鸟都动身开始了遥远的秋季旅行，去追逐离去的太阳，到温暖的地方过冬去了。

风在桦树、杨树、花楸果树间吹着，树叶发黄、变红了。落叶林变得金黄，软软的针叶开始干枯；夜晚，森林中个子肥大、长胡子的松鸡在树枝间飞来飞去，它们羽毛漆黑，正站在柔软的金色针叶林上用树叶填满自己的嗉子。花尾榛鸡在漆黑的云杉树间发出叫喊。红胸脯雄灰雀和母灰雀、深红松雀、红脑袋朱顶雀和角白灵大都出现了。这些鸟也是从北方飞来，但它们不会飞到更远的南方去了，因为它们感觉在这里就不错。

田野空旷起来。晴朗的日子里，又细又长的蜘蛛网被微风

吹得在地上飘来飘去。到处开放着夏末最后的花朵——蝴蝶花。在卫矛丛树枝上，挂着鲜红的果实，就像中国的红灯笼。

我们挖完了土豆，收完了菜地里最后一批蔬菜——卷心菜。我们将地窖塞得满满的准备过冬。我们还到森林里采集了松子。

小动物们也在积极准备过冬。小个子的地松鼠长着细细的尾巴，它背上有五条窄窄的黑纹，有人也叫它花栗鼠。它把雪松松果拖到自己在树墩下的洞里，又到菜地里偷向日葵籽，准备把自己的仓库装得满满的。褐色的松鼠在树干上为自己晾干了蘑菇，换上了蓝色的皮毛。林中长尾巴林鼠、短尾巴田鼠、硕大的水老鼠，都用各种果实和种子充实自己的仓库。林中带斑点的乌鸦——星乌——也在储藏食物，把食物藏进树洞、树根下，以备饥荒的时候用。

熊也找好了可以当熊窝的地方，它用爪子剥下松树的树皮，把它当做自己的垫子。

大家都在为过冬做准备。这些日子真是十分忙碌。

/ 这是来自荒原的报道 /

我们这里正在过节，这里就像春天一样，生命绽放出了绚丽的花朵。

令人无法忍受的酷热散去，天上下起淅淅沥沥的雨。空气

清新，天空澄澈幽远。小草又绿了，躲避致命酷暑的动物们又现身了。

从地里爬出了昆虫、苍蝇和蜘蛛。长着小爪的黄鼠从小洞里蹿出来，活像长着超长尾巴的小袋鼠。从夏季睡眠中醒来的草原蟒蛇又开始捕捉老鼠。猫头鹰在哪里出现，哪里就有草原上的小狐狸——沙狐，还有沙地猫。羚羊迈开轻快的脚步飞奔着，它们是身体匀称的黑尾巴鹅喉羚和拱鼻子的高鼻羚羊。野鸡们也飞来了。

荒原又像春天时的荒原了，但它并不荒，在这里充满了绿色和生机。

我们继续向沙地深处行进。

成百上千公顷的土地即将被防护林所覆盖。森林能使土地免遭荒原热风的肆虐，可以战胜风沙。

/ 这是来自高山的报道 /

我们的帕米尔山高高耸立，有人称它为世界的屋脊。它的最高峰达海拔七千多米，直插云霄。

在我们这里，既有夏天也有冬天：山下是夏天，山上是冬天。

眼下，秋天到了。冬天从山顶、从云端开始下降，将生命从山上赶到了山下。

第一个下山的是野山羊——一种山地山羊，夏天它住在寒冷的峭壁上；现在它在那里已没有什么可吃的了。所有的植物都被雪埋住，都死掉了。

山地绵羊也开始从山上的牧场下来。

在高山地区的草场上，肥肥的旱獭不见了，夏天时它们曾成群结队在这里出没。现在它们钻进了地下：在地洞里它们储藏了冬天的食粮，在身上也养好了安度一冬的肥膘，为了安全起见，旱獭钻进洞里后，还用草木栓填满了洞口。

鹿和狍子继续朝山坡的低处走。野猪则出没在胡桃林、黄连木果和野杏树丛中。

在深谷和深深的崖缝间，突然飞来了一些鸟儿，夏天它们不曾在这里露面。它们是角百灵、浅灰色山地黄鹂、红尾鸲和神秘的蓝鸟——山地鸫鸟。

现在，还有一群群不知名的鸟儿，从遥远的北方飞到这个温暖而食物充足的地方。

再往下走，就是我们生活的地方。这里现在总是下雨。每一场阴雨的出现，都预告着冬天离我们越来越近了。在山里，已经纷纷扬扬地飘起了雪花。

地头上，人们正在收割棉花，果园里正收获着各种水果和葡萄；山坡上，人们收着胡桃。

山隘上，已经落满了厚厚实实的一层雪。

/ 这是来自乌克兰草原的报道 /

在平坦无垠、被太阳晒枯的草地上，一些小绒球在一跑一跳地飞奔着。它们飘起来，在空中旋转着，落到了人们的脚上，可你并不感觉疼，因为它非常轻盈。仔细看，它根本不是圆球，而是一团草茎和干草，它们从四面八方滚拢成了一团。它们就这样滚来滚去，越过土墩和石块，最后落到了山丘后面。

这是被风连根拔起的成熟的风卷球。它就像轮子一样滚啊滚，滚过了整个草地，一路上播下了自己的种子。

快了，快了，很快草原上这干燥的风就不会再吹了，因为祖国人民在夏季种下的护林带即将长成。护林带能把我们的庄稼从干旱中拯救出来。而且伏尔加—顿河航运渠也已经开通了。

现在，正是我们这里狩猎的黄金季节。各类沼泽和水中的野禽在这里成群结队，有当地的，也有从外地飞来的。在草原湖泊的芦苇中，藏满了这样的野禽。而在活动小木屋和不大的草丛地带附近，则聚满了一群群胖乎乎的小鸡——这是鹌鹑。草原里还有很多兔子，它们全是大个子的浅褐色灰兔，我们这里倒没有雪兔。狐狸和狼也多得很啊！只要你想去打，那就把跑得飞快的猎狗放出去吧！

在城市的集市上，西瓜、甜瓜、苹果、梨和李子堆成了山。

/ 注意！注意！
这是来自海洋的报道 /

我们穿过了北冰洋的冰原，穿过了亚洲和美洲的交汇点，进入了太平洋，或者说得更确切一点，我们先进入白令海峡，然后是鄂霍茨克海。在这里，我们越来越经常见到鲸。

世界上竟然还有如此令人吃惊的动物！只要想想它的个头、它的重量和它的力量，就足以令人惊叹不已！

我们见过一头鲸——长须鲸，或者是鲱鲸，这头母鲸被放到一艘巨轮的甲板上。它的长度是 21 米，这是六头大象排成纵队的长度！它的嘴巴，足以吞下整个小舢板和它的桨手们。

仅是它的心脏就重达 148 公斤：这样的重量，不是随便两个成年男人可以拽得动的。而它的体重，则达到了 5.5 万公斤，就是 55 吨！

如果将这巨大的重量放到天平的一头，那么，为了保持平衡，天平的另一头就得放进上千人——男女老少。即使这样，可能也还是不够。要知道，这头鲸还不是最大的。一种蓝色的蓝鲸，长度达 33 米，重量超过了 100 吨……

　　它们的力量有多大呢？用鱼镖捕捉的鲸需要整整一个昼夜才能将它拖到捕鲸船上。还有更糟的时候，那就是鲸潜入水中，把船也一起拖入水底。

　　这样的事曾经有过，现在却不会发生了。我们很难相信，这个躺在我们面前的庞然大物，一座肉山，有罕见的力量，居然在一瞬间被我们的捕鲸手击毙了。

　　不久以前，人们还站在小船上用短标枪——一种带索的标叉——来捕杀鲸鱼。站在船头的水手甚至可以用手摸到它。后来，人们开始在轮船上用一种特制的炮弹去对付鲸鱼，这种炮弹上就装着镖。这种镖对付鲸鱼很有威力，产生的伤害不是靠铁叉，而是靠电。人们在镖上绑上两根连接船上发电机的电线。当镖像针一样刺入鲸鱼庞大身体的那一刻，电线接通了，巨大的电流将鲸鱼击倒了。

　　庞然大物哆嗦一下，两分钟以后就死了。

　　在白令海峡边的岛上，我们看见了海狗。而在梅德内岛边，我们又看到了海獭，一种海里的大个子水獭，它们正和自己的孩子在玩耍。这种动物的毛皮十分珍贵，沙俄时期，它们几乎被日本和沙皇的强盗们杀得绝了迹。现在，政府对它们进行严格的保护，它们的数量正逐步增加。

　　在勘察加半岛岸边，我们看到了一只大得几乎可以同海象相比的海狗。

　　但我们遇到鲸鱼以后，这些动物都变得微不足道了。

正值秋天，鲸鱼离开我们去回归线附近温暖的水域里了。它们将在那里产崽。明年，母鲸就会带着自己的小鲸鱼回到我们这里，回到北冰洋来。那些吃奶的鲸鱼崽，个头甚至超过两头母牛。

在我们这里，它们不会被侵扰。

来自祖国各地的报道到此结束。

下一次，也就是我们的最后一次播报，在 12 月 22 日。

靶　　场

第七场竞赛

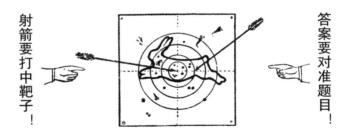

射箭要打中靶子！

答案要对准题目！

1. 秋天是从哪天开始的（按照森林历）?

2. 哪种动物在秋天落叶的时候还生幼崽?

3. 哪些树叶在秋天会变红?

4. 所有的鸟儿在秋天都会离开我们向南飞吗?

5. 为什么年老的公驼鹿被称为"犁角鹿"?

6. 在森林和草原上,农庄的人们把干草垛圈起来,是用来防哪些动物?

7. 哪种鸟儿会在春天里念叨:"我买长袍,我卖皮袄。"到了秋天,它又会喊:"我卖长袍,我买皮袄。"

8. 这里画有两种鸟在稀泥上踩出的脚印。它们一种生活在树上,一种生活在地上。如何根据脚印来判断它们分别生活在哪里?

9. 什么时候射击更容易"命中",是鸟儿迎面飞来时,还是转身飞走时?

10. 如果森林中某个地方的上空乌鸦在嘎嘎地叫着盘旋,说明什么?

11. 为什么好猎手从不射杀母黑琴鸡和母松鸡?

12. 这里的骨架是哪种动物的前爪?

13. 秋天蝴蝶都藏到哪里去了?

14. 日落时分,伏击野鸭的猎人该面朝什么方向?

15. 什么时候猎人们会这样说鸟儿:"它死得远远的去了。"

16. 猜个谜语:丢下一排,头年松土,二年探头。

17. 年轻的小马跑得快,离开大陆去海外,背上像黑貂,肚子白茫茫。(谜语)

18. 坐着的时候是绿色,飞着的时候是黄色,落下的时候变黑色。(谜语)

19. 细长细长落进草里,从此再也起不了身。(谜语)

20. 小小贼骨头,身穿灰衣服,跳来跳去在田里,五谷杂粮填饱肚。(谜语)

公　告

快来收养无依无靠的兔子

现在，在森林和田野上，有时用手就能抓住兔子。这些兔子的小腿还很短，跑得不快。需要用牛奶去喂它，再配以新鲜白菜叶和其他蔬菜。

长耳朵的被收养者不会让你寂寞。所有的小兔子都是著名的鼓手。白天，小兔子会安静地坐在自己的笼子里，可是夜晚，它会用爪子敲打墙面，很快就会把你叫醒！要知道，所有的兔子都是夜游神。

公　告

请修建窝棚

请在河边、湖边和海边搭建一个窝棚。在霞光——朝霞或晚霞——升起的时候钻进去，在那里安静地坐一坐。待在里面，你会看到鸟儿迁徙时的许多有趣场景：野鸭从水中飞出，来到岸边。它们离你非常近，你甚至可以看清它们身上的每一根羽毛。鹬在一旁做着美梦，潜鸟在不远处游动着，一会儿潜入水里，一会儿又飞过来落到鹭鸶的身边。这些鸟儿你都能看到，夏天它们是不会出现在这里的。

"神眼"第六次测试

谁在这里待过?

图1：村里有个水塘，家养的鸭子都不去那里。夜里人们睡觉的时候，野鸭会不会去呢？怎样可以知道？

图1

图2：森林中有两棵杨树被啃过，但样子各不相同。这是谁啃的？谁到这里来过？

图2

图3：谁曾在河湾岸边的淤泥里走过，并在上面印上了"个"字和小点？

图 3

图4：什么动物抓到刺猬后先从刺猬的肚子吃起，然后竟把整个刺猬吃掉，最后只剩下了它的皮？

图 4

森林报

第 8 期

10 月 21 日至 11 月 20 日

储备冬粮月

太阳进入天蝎宫（秋季二月）

主要内容

准备过冬

天气不算寒冷，但也不能麻痹大意。土地和水面有可能忽然冻结，到时候去哪儿找吃的？又在哪里藏身？

每个森林居民都各自张罗着准备过冬了。

长翅膀的，飞离了饥饿和寒冷。留下的，要赶紧把自己的仓库填满，要储存食物以备不时之需。

短尾巴田鼠最起劲。它们大多直接在干草堆或庄稼垛里挖洞过冬藏身，这样也便于每天晚上偷粮食谷粒。

有五六条小路通向田鼠的窝，它们从每条小路都能回到自己的窝里。在地下深处，有它们的卧室和几个仓库。

冬天，田鼠们只在天气非常寒冷时才会睡觉。所以，它们有大量的时间储备食粮。它们有好几个洞，平均每个洞藏有四五公斤以上的谷粒。

小小的啮齿动物甚至能将整个地里的粮食偷光！我们要保

护好粮食，以防它们来偷窃。

/ 过冬的小不点儿 /

树木和多年生草类也要准备过冬。一年生的草早已播下了自己的种子。但是，不是所有一年生长期的草都会以种子的形态过冬。它们中有一些已经长出来了。许多一年生长期的杂草，此时已经被埋在被翻过的菜地里。在裸露而暖暖的地里，我们可以看到锯齿状的荠菜叶子，看到像荨麻一样毛茸茸的紫红色小叶片（那是野芝麻的叶子），还能看到芬芳的小母菊、蝴蝶花、犁头菜，当然还有让人讨厌的紫缕。

所有这些小小的植物都在准备越冬，在大雪的覆盖下活到下一个春天。

■ 尼·帕夫洛娃

/ 大家都在为春天做准备 /

椴树的树杈伸得远远的，它的枝杈上带着红褐色的小点，在雪天里尤为醒目。其实，椴树的树叶并没有变成红褐色，而是一种紧紧贴着果实的苞叶变了色。椴树的大小枝条上，布满了这样像长着翅膀的果实。

不只是椴树有这样的装饰。还有一种高大的白蜡树，也被这样装饰着。它的树枝上挂了多少果实啊！这些果实像浓密的豆荚丛生着，窄窄的，长长的。

不过，最漂亮的应该是花楸树吧。它的身上仍然还挂着一串串沉甸甸的鲜艳的果实。即使在伏牛果树丛里也能看见浆果呢。

桃叶卫矛那令人惊异的果实正在变红。它和带着黄色花蕊的玫瑰花朵一模一样。

也有很多树种来不及在冬天之前留下自己的后代。

在白桦树的树枝上，还能多多少少看到一些干枯的柔荑花序，里面是像被翅膀似的皮包裹着的果实。

就连赤杨的黑色小球果也没有完全掉落。不过，白桦和赤杨还来得及为春天的来临做些准备，那就是它们的柔荑花序。春天来了，这些花序伸展出来，舒展自己的鳞片，开出花朵。

榛树也有柔荑花序，胖胖的，泛着浅浅的红灰色，每根小细枝上有两对。榛树上的榛子早就找不到了。它已经完成了任务：与自己的后代告别，开始为春天做准备。

■ 尼·帕夫洛娃

/ 储备蔬菜 /

夏天时，短耳朵水鼠生活在靠近河边的别墅里。在那里的地下，它有一个卧室。从卧室出来，一路往下走，便直接通向

62

水中。

现在，水鼠在远离河水一个凹凸不平的草地上为自己造了一间温暖惬意的过冬房。在地下，通往这房间的路足有百步，或者更长。

房间在一个最大的土墩下，里面铺满了松软而暖和的干草。

房间通过一些特别的通道与储藏室相连。

储藏室被归置得井井有条——一切按品种分类，它们是被水鼠从粮食地里和菜园子里偷运回来的，有粮食种子、豌豆、球果、豆子和土豆。

/ 松鼠的干燥机 /

从自己建在树上的那些圆圆的洞窝中，松鼠选出了一个作

为仓库。在那里，它存放了从森林中采来的各种坚果。

除了这些坚果，它还采集了一些蘑菇——油蘑和桦蘑。这些蘑菇被它穿在折光了小枝丫的枝条上，蘑菇会自然风干。冬天，松鼠在这些树枝上跳来跳去，可以靠这些风干的蘑菇填饱肚子。

/ 活动粮仓 /

姬蜂为自己的幼虫找到了令人惊叹的住所。姬蜂的翅膀能快速飞行，在它那向上弯曲的小触须下，有一双敏锐的眼睛，细细的腰身把前胸和腹部分开，在它的腹部末端，有一根又长又直、像针一样细的刺。

夏天，姬蜂寻找到又大又肥的蝴蝶幼虫，冲上去，骑在幼虫身上，将自己那根尖利的刺刺入蝴蝶幼虫的皮肤。这根刺在蝴蝶幼虫的身体里刺出了一个小洞，姬蜂便将卵子注进了这个洞里。

姬蜂飞走了，蝴蝶幼虫很快从恐惧中恢复了正常，又开始继续吃自己的树叶。秋天临近，它织出了茧，把自己紧紧包裹起来。

渐渐地，在蝴蝶幼虫的蛹中，姬蜂的幼虫从虫卵里孵化出

来。在结实的虫蛹里，它既暖和又安全，食物足够它吃整整一年。

又一个夏天到来了，虫蛹的壳打开，里面飞出的却不是小蝴蝶，而是黑黄红三色相间、身体细长而结实的小姬蜂。姬蜂是我们的朋友，它会为我们消灭有害的毛虫。

/ 自带储藏室 /

有些动物并没有为自己建造任何特别的仓库。因为它们自带储藏室。

这些动物在秋天这几个月里好好地吃饱，让自己长得胖得不能再胖、肥得不能再肥，这就足够了。

它们身上的脂肪就是它们的粮食储备。脂肪在皮下形成厚厚一层，当它们没什么东西可吃的

时候，脂肪就自动分解，渗透进动物的血液，血液会将营养输送到动物的全身。

熊、獾、蝙蝠和其他在冬天睡大觉的动物都是如此，它们整个冬天都在沉睡。秋天把肚子吃得饱饱的，然后倒头呼呼大睡。

动物的脂肪还能保暖，能帮助它们御寒。

森林大事记

/ 小偷被偷了 /

林中的长耳鸮非常机灵狡猾，可它照样被更厉害的小偷给骗了。

表面看上去，长耳鸮长着一副鸱（chī）鸮的样子，只是个头小一些。它的喙像个钩子，头上的毛支棱着，眼球外凸。不管多黑的夜，它的眼睛也能看得见，它的耳朵也能听得见。

老鼠刚在干枯的树叶里发出窸窣声，长耳鸮就出现在它的面前，"扑哧！"老鼠被抓到了半空中；小兔子在林间空地上一闪而过，这位夜间侦察兵又已经出现在它的面前，"扑哧！"被抓住的小兔子只有扑腾爪子了。

长耳鸮把抓住的猎物拖到了自己的树洞里。它现在并不吃，也不给别人吃：要留着以备不时之需。

白天，长耳鸮待在树洞里守着自己的宝贝。夜晚，它又会飞出去打猎。它还会时不时回到树洞里看看：自己的宝贝还在不在？

突然，长耳鸮发现，自己的宝贝好像变得越来越少了。它很机敏，虽然不会数数，但一看就知道个大概。

夜晚又降临了，饥饿的长耳鸮又飞出去打猎了。

等到它回来一看，树洞里一只老鼠也没有了！只见树洞底部有一个灰色的小动物在蠕动，有老鼠那么长。

长耳鸮想用爪子去戳它，可那东西嗖地一下就钻进一个小洞，飞快地跑起来。它的嘴里还叼着一只小老鼠。

长耳鸮紧追上去，眼看快追上了，可它仔细一打量，这小偷让它害怕了，它停止

了追抢。原来这小偷是一头凶猛的小动物——鼬鼠。

鼬鼠以抢劫为生，就连它的幼鼠也一样。它的勇猛和灵活，足以让它敢于和长耳鸮搏杀。它的牙会紧紧咬住对手的胸脯，怎么也不松口。

/ 夏天又来了吗 /

天气忽冷忽热，一会儿冷风阵阵，一会儿又阳光灿烂、风和日丽。这时候，人们会觉得，是不是夏天又出人意料地回来了。

黄色的蒲公英和报春花从草丛中探出了身子。蝴蝶在空中飞来飞去。空旷处的蚊子团成蚊柱，疯狂群舞。不知从何处飞来了小鸟，它体态娇小敏捷，快速地抖动着自己的小尾巴，唱起了歌儿，歌声激昂、嘹亮！

在高高的云杉上，迟来的柳莺唱着一首温柔的歌："阿——姨——啊！阿——姨——啊！"歌声像是从树上落到水中的水滴，轻柔柔的，充满了忧伤。

于是，你似乎会忘记，冬天就要来了。

/ 惊扰了泥鳅和青蛙 /

水塘连同它的居民们，都被冰层所覆盖着。突然，冰层有些松动。原来是农庄的人们正准备清理水塘的底部。他们从水塘底挖出一堆淤泥，然后就走开了。

太阳暖洋洋地照着。一股蒸汽从泥堆里升起。突然，淤泥块开始蠕动起来：一个泥团从泥堆里滚落出来。这是什么？

一个小尾巴竟然从这个泥团里伸出，在泥里一动一动的，最后咚的一声跌进后面的池塘，直接进了水里！接着，又是一个泥块，再一块。

还有一些像小刀似的东西从泥团里伸出来，在池塘里飞快地游起来。简直神奇极了！

不，这不是一些小泥团，而是沾满泥巴的活泥鳅和活青蛙。

它们原来是打算在湖底过冬的。农庄的人们却把它们和淤泥一起清理出来了。太阳晒热了泥块，这些泥鳅呀青蛙呀，都苏醒了。它们活过来了，开始逃命：泥鳅跳回了池塘，而小青蛙就得为自己找一个更加安全的地方，以免再次被人惊醒了自己的美梦。

就这样，数十只青蛙像是约好了似的向一个方向跳去。在打谷场后面，在路那边，还有另一个池塘，那里更大更深。它们好不容易才踏上了那条路。

可是，对秋天的太阳，是不能有太多指望的。

很快，乌云就遮住了太阳。一阵冷冷的北风刮过来。把赤裸着身体的小旅行者们冻僵了。青蛙没有力气再跳起来了，行进的队伍渐渐拉得很长。青蛙的腿麻木了，血液凝固了。很快，它们就死了。

青蛙不再跳了。

冻死了多少青蛙啊。

所有这些青蛙，它们的头都朝着一个方向：道路后面那个更大的池塘。那里的淤泥会暖和一些，可以救它们的性命。可惜它们没能到达那个地方。

/ 红胸小鸟 * /

夏天，我正在森林里走着，突然发现浓密的草丛里有个什么东西在奔跑。我先是被吓了一跳，然后小心翼翼地四处查看。只见一只小鸟在草丛里，像是迷路了。小鸟个头不大，全身长着灰色羽毛，只是胸脯上有一片羽毛是淡红色的。我捧起这只小鸟，把它带回了家。我简直太喜欢它了。

回到家，我给它喂了一些面包渣。它吃光了，变得欢快起来。我还为它做了一个小笼子，抓了一些昆虫来喂它。它在我家过了整整一个秋天。

有一次，我出去玩的时候没有把鸟笼关好。我家里养着的一只猫把我的小鸟吃了。

我很爱我的小鸟。我伤心地哭了好久，可是又有什么办法呢。

■ 森林通讯员　格·奥斯塔宁

/ 捉住一只松鼠* /

松鼠只惦记一件事，那就是夏天准备好干粮，留到冬天吃。我曾经亲眼看到，一只松鼠是怎样从一棵云杉树上采集松果，然后把它运回树洞里去。我记住了这棵树，后来，我们把树砍倒，抓住了里面的小松鼠，还在树洞里发现了很多松果。我们把松鼠带回家，放进笼子里。有个小男孩淘气，把手指伸进笼子里，这松鼠把他的手指都咬穿了。松鼠就是这么厉害！我们给松鼠带回很多云杉松果，它很爱吃，但是它最爱吃的还是榛子、胡桃。

■ 森林通讯员　尼·斯米尔诺夫

/ 我的小鸭[*] /

妈妈在抱窝的母火鸡身子底下放了三只鸭蛋。

到了第四个星期，三只小鸭出了壳。这些小鸭子还不那么强壮，所以我们得为它们保暖。而母火鸡和小火鸡崽立刻就被赶到大街上去了。

我家附近有一个水沟。小鸭子把脚伸进水沟，立刻游了起来。火鸡跑过来，走来走去地喊着："喔嗬！喔嗬！"看到小鸭子很平稳地游着，而且也不怎么搭理它的叫唤，火鸡也就安静下来，找自己的小鸡崽去了。

小鸭子游了一会儿，很快就感觉冷了。它们上了岸，哆哆嗦嗦地叫着，找不着暖和的地方。

我用手把它们捧起来，给它们盖上了一条手绢，把它们带回了家；它们这才安静下来。就这样，小鸭子在我家成长起来。

清晨，小鸭子早早地出了家门。只要觉得冷了，它们就会跑回家。它们还不会上下台阶，因为它们的翅膀还没长出来，于是它们就叽叽喳喳地叫；只要把它们抱上台阶，它们三个就一起直奔到我的床前，站成一排，伸着小脖子，又开始叫唤起来。我还睡着呢，妈妈会把它们捧上床来，它们就钻进了我的被子，也要睡觉。

快到秋天时，小鸭子都长大了，而我也要回城里去，该上学了。很长时间，我的小鸭子们都想念着我，它们叫啊叫啊。知道这件事以后，我没少流眼泪。

■ 森林通讯员 维拉·米赫耶娃

/ 星乌之谜 /

我们这里的森林中，有这样一种乌鸦，它比一般的黑毛乌鸦个子小，全身有斑点。我们这里的人叫它坚果乌，而在西伯利亚，人们叫它星乌。

坚果乌采集了过冬的坚果，就把它们放进树洞或大树的树根里。

冬天，坚果乌过着流浪的生活，从这儿到那儿，从这片林子到那片林子。它们吃着树洞里或树根下那些储备的粮食。

那是它们自己备下的吗？其实，事情的真相是这样的：每只坚果乌吃的都不是自己备下的口粮，而是它的亲戚们备下的口粮。它进入某一片树林，也许这辈子它头一次来这儿，但它也能立刻找到粮食。它往那些树洞里一瞅，坚果就在里面放着呢。

在树洞里，一切都一目了然。那么，坚果乌是怎么找到由别的同类藏到树根或树丛里准备过冬的坚果呢？要知道整个大地都被白雪所覆盖了啊！而坚果乌飞进树丛，啄开地面的覆雪，总是能准确无误地找到别人藏在里面的粮食。在这周围有上千个树丛和灌木丛，它是怎么知道唯独这里藏着坚果呢？这里有什么标记吗？

对这个问题，我们还没有答案。

我们应该想出一个巧妙的办法去弄明白，在一片模样相同的茫茫雪原中，坚果鸟靠什么能找到别人的收藏。

拖拉机不再突突突地吼叫。农庄里，亚麻选种机的工作也结束了，最后一列满载亚麻的车队，紧随着选种机浩浩荡荡去了火车站。

农庄人在考虑着明年的收成。专业育种站为全国农庄提供了最优等级的新稻种和麦种。田里的活儿少了，家里的活儿多了。现在，农庄人将全部的精力都转移到了牲畜场里。

农庄里成群结队的牛羊被赶进了畜栏，马匹被赶进了马圈。

地头上空旷起来。一群群灰色的小山鹑总是缠在人们的左右。它们夜里就在打谷场待着，有时甚至飞到村子里。

打山鹑的季节过去了。有枪的庄户人开始打起了野兔的主意。

/ 小菜园的收成 /

靠着自己丰富的土豆种植经验，斯塔罗拉多什儿童之家的孩子们所种植的每个块茎上产出了八九公斤土豆。

巴甫洛夫中学的年轻试验者们，在一公顷土地上收获了一百一十五吨土豆或是六十七吨早熟白菜。

托斯连区的马林儿童之家，开发了一大片菜地。保育院男生们种植了三千株草莓，并第一次收获了果子。鲁什基儿童之家着手建立了自己的养蜂场，秋天里收获了两百六十公斤蜂蜜。

雅斯特列宾学校的试验田平均每公顷收获了三百四十六公斤高质量的芜菁种子。

帕尔戈洛夫第二中学的学生们用幼芽培育出了新的土豆品种。

依靠自己的经验，他们培育出了祖国最优良的品种"人民牌"。一个块茎上能切出七至八个幼芽，每个幼芽一般会收获十四公斤土豆。

就是这样，年轻的自然爱好者们依靠自己的辛勤劳动夺得了如此骄人的成绩。

/ 农庄植树周 /

在祖国各地，到处都在开展植树周的活动。苗圃已经为人们备下了大量的树苗。在各地农庄成千上万公顷的土地上，出现了无数新的树林和果园。在靠近农庄庄员、工人和职员们的生活区，人们种植了数百万株苹果树、梨树和其他果树树苗。

■ 列宁格勒塔斯社

城市新闻

/ 动物园里 /

动物和鸟类都从夏天的露天住所转移到了过冬的窝中。它们的笼子里被烘得暖暖和和的。所以，没有哪个动物准备进入长长的冬眠期。

动物园中的鸟儿们也不会从笼子里飞走。因为就在一天之内，鸟儿们就被从寒冷的国度带进了温暖的王国。

/ 没有螺旋桨的小飞机 /

这些天，城市的上空飞着一种奇特的小型飞机。

人们在街道上仰头驻足，好奇地注视着这些在空中缓缓盘旋的飞行物。他们相互询问着：

"你看见了吗？"

"看见了，看见了。"

"真奇怪，怎么听不见螺旋桨的声音呢？"

"也许是它们飞得太高了吧？它们看上去多小啊。"

"就算它们低飞，你还是听不见任何声音。"

"为什么？"

"因为它们没有螺旋桨。"

"怎么可能！这是什么，是什么新玩意儿？叫什么？"

"老雕！"

"你开玩笑吧！在列宁格勒怎么会有老雕！"

"这是金雕。它们在这儿只是路过：它们这是要去南方。"

"是这么回事！嗯，现在我也看出来了，是鸟儿在盘旋，要不是你说，我还真以为那是小飞机呢。多像啊！不过它扇一下翅膀也就看出来了……"

/ 快看野鸭 /

一连好几个星期，一群长相特别、色彩斑斓的野鸭聚集在了涅瓦河的斯米特中尉桥、彼得保罗要塞附近和其他一些地方。

那黑得像乌鸦的是欧海番鸭，长着鹰钩鼻、翅膀带斑点的是斑脸海番鸭，毛色斑斓、尾巴像毛线针的是长尾野鸭，黑白相间的是鹊鸭。

这些野鸭一点儿也不怕轮船发出的隆隆声。

就是在黑色拖轮那铁鼻子划开水面直冲过来的时候，它们也不会害怕。它们会一猛子扎进水里，然后在离原处几十米远的地方露出头来。

这些潜鸭，是规模宏大的海上旅行团的成员。一年中，它们两次到我们列宁格勒来做客——一次是春天，一次是秋天。

当拉多加湖上的冰漂到涅瓦河上的时候，这些野鸭已经踪影全无了。

78

/ 鳗的最后旅程 /

大地上一片秋色。水下，也是秋天。

水凉了。

成年的鳗鱼踏上了自己最后的旅程。

它们由涅瓦河经芬兰湾，经波罗的海和德国海，最后向深深的大西洋游去。

它们再也不会回到河流中来了，尽管在这里它们度过了一生。在大洋几千米的深处，它们会为自己找到墓地。

不过，它们在临死前会甩子。在大海的深处，并没有人们想象的那么寒冷：那里的水温是零上七摄氏度。每个透明得像玻璃的鱼子很快会变成小鳗鱼，无数的小鳗鱼从大海出发，开始了漫长的征程。经过三年的历程，它们才能进入涅瓦河口。

在涅瓦河里，它们成长起来，变成成年的鳗鱼。

狩 猎

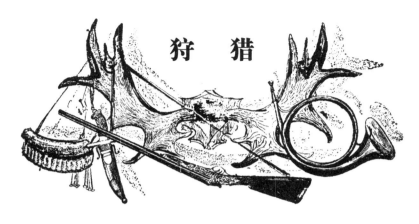

/ 带猎犬在泥泞路上追踪 /

秋天，一个清新的早晨，一名肩扛猎枪的猎人来到野外。他手握一根短短的皮带，皮带上拴着两只猎犬，猎犬长得膘肥体壮，黑色皮毛上泛着点点褐斑。

猎人到达一小片树林。他放开狗儿们，把它们"赶"进了林子里。猎犬很快就消失在了灌木丛中。

猎人不声不响地在林子边上走着，小心翼翼地注意着脚下的路。

他停在了灌木丛对面的一个树墩后，这里有一条不易被发现的林间小道，从林子里一直伸向冲沟。

还没等他站稳，狗儿们已经发现了野兽的踪迹。

首先发出吼叫的是年老的公狗多贝瓦伊：它的声音低沉、嘶哑。

年轻的扎利瓦伊也跟着叫了起来。

猎人凭着狗儿们的叫声判断，这是它们惊扰了野兔，野兔在逃跑。秋天的路面，不仅因为下雨变得脏兮兮的，也变得滑溜溜的。狗儿们现在正沿着这样的路面，一边嗅着，一边追踪着。

狗儿们的声音一会儿远一会儿近：兔子在兜着圈子呢！

现在，这声音又近了，狗儿们追到了跟前。

嘿，你这没用的东西！那不是它吗，那红红的皮毛不是在沟里一闪一闪的吗！

猎人错失良机……

那两条狗呢，多贝瓦伊冲在前面，扎利瓦伊伸着舌头跟在后面。它们飞快地跟在兔子后面冲进了沟里。

不过，它们毫无斩获，又转身回到林子这边。多贝瓦伊是一条执着的猎犬，只要它发现踪迹，它就会死咬住不松口，它可是只老练的猎犬啊。

现在，它们就在周围转来转去，不一会儿又进了林子。

"灰兔最后还得回到这条路上，"猎人心想，"这回我可不放过它了！"

四周清静了一会儿……接着……这是怎么回事？

狗儿们的声音怎么不在一处了？

那领头的多贝瓦伊不出声了。

可扎利瓦伊还在叫。

又是一阵沉静……

多贝瓦伊终于又叫了起来，不过叫法完全不同，更加激昂，显得嘶哑。扎利瓦伊也附和地尖叫着，上气不接下气。

它们发现了新的野兽踪迹！

那是什么野兽的呢？肯定不是兔子的，肯定不是，它长着红色的皮毛……

猎人快速地更换了子弹。他放进了一个最大号的铅砂弹。

一只灰兔飞快地跑过小路，朝空地上奔去。

猎人看见了，却没有举枪。

猎犬追得更近了，边跑边发出嘶哑和被激怒的尖叫声……突然，从野兔刚刚蹿出的灌木丛间，一个有着火红背脊、雪白胸脯的猎物闪现在小道上……可以说是直扑到猎人的怀里。

猎人举枪射击。

猎物发现了猎人，蓬松的尾巴往左一甩，再往右一甩。

晚了！

啪！空中升腾起一阵火星，被打中的狐狸直挺挺地倒在地上。

两只猎犬从林子里冲出来，朝狐狸扑过去。它们紧紧咬住猎物火红的皮毛，眼看就要扯破了！

"放开！"猎人冲着它们威严地喊了一声，赶紧跑过去把珍贵的皮毛从狗嘴里抢了出来。

/ 地下的搏斗 /

在离我们农庄不太远的森林中，有一个闻名的獾洞，它的年代十分久远。人们把它称为"洞"，其实它却不止是一个洞，而是被一代又一代的獾们横七竖八地打通了的整座山丘。里面分布着一个完整的獾的交通系统。

希索伊·希索伊奇把这个"洞"指给我看。我仔细查看了山丘，数出了六十三个洞口。而山丘下面的灌木丛中，还有许多看不见的洞口呢。

显而易见，在这宽阔的地下空间里，居住的不仅仅是獾。在一些洞口，聚集着一大堆甲虫，它们是掘墓工，是搬运工，是食尸者。它们在丢弃的母鸡、松鸡和花尾榛鸡的骨头上忙碌着，在长长的兔子背脊骨上忙活着。獾是不屑做这些事的，它并不捕食鸡和兔。它还非常爱干净，绝不会把自己的残羹剩饭或者其他脏东西扔在自己的洞里或洞口周围。

兔子、野禽和鸡的骨头泄漏了一个秘密，它说明狐狸家族是獾在地下的邻居。

一些洞穴已经被翻开了，变成了真正的壕沟。

"我们的猎手们已经尽力了，"希索伊·希索伊奇解释说，"只是不起任何作用，小狐狸和小獾们早就不知溜到哪里去了。你怎么也没办法把它们挖出来。"

他停顿了一会儿，接着又说道：

"现在我们试着用烟把它们熏出来。"

到了第二天，我们三个人来到山丘，希索伊·希索伊奇、我和另外一个小伙子，一路上，希索伊·希索伊奇老是开那个小伙子的玩笑，一会儿叫他烧锅炉的，一会儿叫他火夫。

我们忙活了好一阵，除了山下的一个洞口和山顶上的两个洞口，我们把其余洞口都堵上了。我们拖来了一大堆刺柏和云杉的枯枝，放到了山下的洞口边。

我和希索伊·希索伊奇分别在山上的两个洞口旁值守，我们躲在了灌木丛的后面。"烧锅炉的"在入口处点起了篝火。火苗升上来后，他往上面继续添加云杉树枝。顿时，浓烟滚滚。浓烟很快蔓延到洞中，就像跑进了烟囱管道。

我们两个埋伏着的射击手，急不可耐地等待着浓烟从山顶的出口里飘出。也许，会是敏捷的狐狸先出来，要不，就是一只又肥又懒的獾？要不，就是浓烟把藏在地下的它们熏得眼睛都睁不开了？

可洞穴里的野兽真有耐力啊。

现在，我看见有一股烟从希索伊·希索伊奇藏身的灌木丛后升起，不久，我的身后也开始冒烟了。

看来，不用等太久了：打着喷嚏的动物就会跑出来了，甚至可能还不止一只两只，而是一只接着一只。枪已扛上肩，我们绝不会让狡猾的狐狸从眼前溜掉。

烟雾越来越浓，开始在灌木丛周围弥漫开来。我的眼睛被熏得刺痛，开始流泪，要是正好我流泪眨眼的时候把野兽放过，那可就糟了。

可还是没有野兽露面。

举枪的胳膊都酸了。于是我把枪放了下来。

我们等啊等，小伙子一个劲儿地往火上加枯树枝和云杉枝。仍然没有一只野兽出现。

"你是不是在想，它们可能被闷死了吧？"回去的路上，希索伊·希索伊奇说，"不，不，不，小兄弟，它们才不会被闷死呢！要知道，烟在洞里是往上走，而它们却往下溜了。鬼知道它们的洞挖得有多深啊。"

蓄着大胡子的小伙子因为无功而返显得十分沮丧。为了让他开心，我讲起了身长腿短的达克斯狗和狐狗的故事——这两种狗都很凶猛，它们能钻进洞去抓獾和狐狸。这让希索伊·希索伊奇来了精神：他让我一定为他搞到这种狗，不管想什么办法，一定要搞到！

我只好答应他想办法。

这之后，我就去了列宁格勒，没想到在那里有了意外的运气：一位熟识的猎手要把他心爱的达克斯狗借给我一段时间。

当我返回村里，把这只狗带到希索伊·希索伊奇面前时，他竟然对我大发脾气：

"你怎么回事，是要戏弄我吗？不要说老狐狸，就是一只小狐狸崽子也会把这只大老鼠咬死，然后还会吐出洞来的。"

希索伊·希索伊奇自己就是个小个子，却对此很不满，别的小个子——连小个子的狗——他也看不上。

达克斯狗看上去的确有些可笑：小个子，腿短，身长，小爪子弯曲着像脱了臼。可是，当希索伊·希索伊奇心不在焉地向它伸出一只手，这个丑陋的家伙竟然恶狠狠地咆哮起来，并龇着尖利的獠牙猛扑过来，希索伊·希索伊奇往旁边一闪，只说了一句："这家伙！好厉害！"便不吱声了。

我们快要靠近山丘的时候，达克斯狗开始拼命朝洞口的方向奔，差点把我的胳膊都拽脱臼了。等到我一给它解了套，它就一溜烟跑进了黑乎乎的洞口。

根据自己的需要，人们培育出了许多奇特的狗种，达克斯狗这种小个子的地下猎犬就是最奇特的品种之一。它的身体细长，就像貂的个头，最适合钻洞了；它的爪子弯曲，便于挖洞时有很好的支撑；又长又窄的嘴，便于咬实咬死猎物。有点好奇的我站在洞外等着，不知道结果会如何，在黑洞洞的地下，驯养良好的猎犬和林中的野兽正进行着一场血战呢。我有些担心，要是小狗回不来怎么办？我怎么有脸面去见小狗的主人？

地下的确在进行着一场追逐战。透过厚厚的地面，我们甚至能听见一阵低沉的狗叫。这声音似乎是从很远的地方传来，并不是来自脚下。

不过，狗叫声越来越近，越来越清晰。因狂怒而有些嘶哑的声音更近了……突然，声音又远了。

我和希索伊·希索伊奇站在山丘上，扣着派不上用场的猎枪扳机，直到指头发痛。狗叫声一会儿在这个出口，一会儿在那个出口，一会儿又在第三个出口。

突然，狗叫声停下来了。

我知道，这意味着小猎犬在黑洞洞的通道某处遭遇了对手，并且和对手撕咬住了。

这时我猛然想起，在放猎犬进洞之前我应该想到的，按照猎人们打猎的习惯，他们通常会带一把铁铲，在地下的猎物刚一被咬住就刨开上面的土，好在猎犬遭遇险情时为它解围。不过，这个办法在离地面一米的时候可以奏效，而在这烟都熏不透的洞里，你是想不出任何办法去帮助小狗的。

我还能做什么呢！达克斯狗显然将毙命深洞。在那里，也许还不止一只野兽和它交手呢。

突然，又一阵低哑的狗叫声传来。

可是，我还没来得及高兴，它又没声了，这回可能彻底完了。

在这座勇敢猎犬的寂静的墓地前，我和希索伊·希索伊奇站了很久很久。

我仍然没打算离开。希索伊·希索伊奇先开了口：

"兄弟，看来我们干了一件傻事。那小狗大概碰到一只狡猾的雄狐或雄獾了。"

我们这里也把雄獾叫獾子。

希索伊·希索伊奇又拖长声调，慢慢地说道：

"怎么样，我们走？还是接着等？"

这时，从地底下突然传来一阵沙沙的声响。

只见洞口先露出了一个尖尖的黑尾巴，然后是弯弯的后腿，最后是一个沾满了土和血的长身子，达克斯狗在艰难地挪动着！我高兴得朝它扑过去，抓住它的身子就往外拽。

一只又大又肥的獾露出了黑黑的洞口。它已经不动弹了。可是达克斯狗还是死死咬住它的脖子，好像害怕对手再活过来似的。

■ 特约通讯员

靶 场

第八场竞赛

射箭要打中靶子！

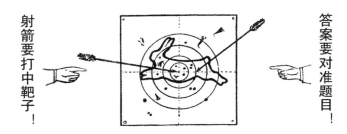

答案要对准题目！

1. 兔子往哪里跑方便，山上还是山下？

2. 落叶时，我们会发现鸟的什么秘密？

3. 哪位森林居民会在树枝上晒蘑菇？

4. 哪种动物夏天在水边，冬天在地里？

5. 鸟儿们会为自己储备过冬的粮食吗？

6. 蚂蚁会为过冬做哪些准备？

7. 鸟骨头里有什么？

8. 秋天，猎人最好穿什么颜色的衣服？

9. 鸟在什么时候养伤利于康复，是夏天还是秋天？

10. 这里画的是一种什么动物的奇特的头？

11. 蜘蛛是昆虫吗？

12. 青蛙冬天都去了哪里？

13. 这里画出了三种鸟的脚。它们分别生活在树上、陆地上和水中。怎样分辨这三种鸟？

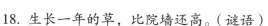

14. 什么动物的脚掌是外翻的？

15. 这是一只大耳朵的长耳鸮。用铅笔指出它的耳朵在哪里？

16. 掉进水里不沉，水也不浑。（谜语）

17. 跑啊跑，没有尽头。抓啊抓，就是抓不到手。（谜语）

18. 生长一年的草，比院墙还高。（谜语）

19. 跑啊跑，跑不到边，飞啊飞，也飞不到头。（谜语）

20. 小鳗鱼长了三年会怎样？

"神眼"第七次测试

这是谁干的？

a. 谁在云杉树上摘了松果，然后把它们抛到了地上？

b. 谁坐在树墩上扒松果，最后只剩了核？

c. 谁在榛子上钻了个洞，把里面的仁儿都偷吃了？

d. 谁把蘑菇拖到树上，串在了小树杈上？

在一棵老白桦树的树皮上，从上到下有好多一模一样的小

图 1

洞（图 2）。这是谁干的，它为什么要这么做？

图 2

谁为牛蒡加了工（图 3）？

图 3

谁在密林中用利爪破坏了树木，剥掉了云杉的皮（图 4）？

图 4

谁在这里捣乱，摧毁了树木，折断和啃光了这么多树枝（图 5）？

图 5

你也行

为了找回被啮齿动物从田里偷走的上等粮食，我们需要学会寻查和挖掘田鼠窝。

如本期所报道的，这些有害的小动物从我们的地里偷走了多少上等的粮食运到自己的仓库啊！

请别担心

我们为自己准备了暖和的冬季住房，可以安稳地睡到明年春天。

我们不会冒犯你们，也请你们让我们得到安静的休息。

——熊、獾和蝙蝠

森林报

第 9 期

11 月 21 日至 12 月 20 日

冬客临门月

太阳进入人马宫（秋季三月）

主要内容

活动的花儿

/ 奇怪的事 /

今天，我扒开雪查看我的一年生植物。这些草按理说只可以存活一个春天、一个夏天和一个秋天。

可我发现它们仍然还活着，即使到十二月份了，它们还泛着绿。鸟蓼活着，这是一种乡村里长在房前屋后的小草，它的茎交织相生，紧贴地面（行人会毫不留情地踩上去），叶片长长的，开浅红色的小花。

低矮扎人的荨麻也还活着。夏天它令人无法忍受：当你在田垄除草时，它会把你扎得满手是包。而在十二月的现在，见到它还是令人愉快的。

连蓝堇都还活着。还记得蓝堇吗？这是一种漂亮的细小植物，小叶片带齿，开着细长的粉红色小花，花瓣末端的颜色有些发暗。你在郊区会经常见到它的。

所有这些一年生草本植物都还活着。可我知道，它们活不到春天。那么它们还活在雪下是为什么呢？这是怎么回事？我不清楚。这点还需要去了解。

■尼·帕夫洛娃

/ 林子不会冷清 /

树林里刮着寒冷的风。光秃秃的白桦树、杨树和赤杨树发出啪啪的声响，树枝摇曳。最后一批候鸟急急忙忙离开了家乡。

在这里过夏的鸟儿还没有全部飞走，过冬的鸟儿就已经飞来了。

每种鸟儿都有自己的口味和习惯：有的飞到高加索过冬，有的飞到外高加索，还有的飞到意大利、埃及和印度；另外一些鸟儿就在我们列宁格勒地区过冬。它们在这里会感到暖和，也有足够的粮食过冬。

/ 飞着的花儿 /

赤杨那黑糊糊的树枝戳在空中显得多么凄凉！树枝上没有叶子，地上没有草。连太阳也累得不想从灰蒙蒙的云层里露出脸来。

突然，在黑色赤杨的下方，一些五彩缤纷的花朵在太阳照耀下轻快地飘动起来。在空旷的林间，它们显得特别大，颜色那么鲜艳，有白色、红色、绿色和金色。它们有的落在赤杨黑色的树枝上，有的在白桦树白色的树皮上留下五彩的斑斑点点，有的落到地上，有的在空中扇动起彩色的翅膀。啊，原来是彩色的鸟儿呀！

这些小鸟相互呼唤着，清脆的声音像芦笛吹响。它们从地上飞到树枝，从这棵树飞到那棵树，从这片林子飞到那片林子。它们是谁，从哪里飞来？

/ 客从北方来 /

这是我们的冬天来客，它们是来自遥远北方的小小歌唱家。来客中有红胸脯、红脑袋的小朱顶雀，有冠毛直立、翅膀

上长着五根红色羽毛活像五根手指的太平鸟，有深红色的松鸟，有绿色的雌交嘴鸟和红色的雄交嘴鸟，还有金绿色的黄雀、黄羽毛的金翅雀，还有胖胖的、胸脯鲜红华美的灰雀。冬天一到，我们本地的黄雀、金翅雀和灰雀都飞到南方更暖和的地方去了。而眼下的这些鸟儿原是在北方的，现在那里十分寒冷，它们感觉我们这里暖和多了。

黄雀和小朱顶雀吃赤杨树和白桦树的籽儿。太平鸟和灰雀吃花楸果和其他浆果。交嘴鸟吃松树和云杉的果子。它们都能吃得饱饱的。

/ 客从东方来 /

低矮的柳树上意外地出现了白色的东西，仿佛盛开了华丽的白色玫瑰。"白玫瑰"从这个树丛飞到那个树丛，在树枝间翻飞着，用它那带黑色钩子的爪子这儿拨弄一下，那儿拨弄一下，忽闪着白色花瓣似的翅膀，发出鸣叫，轻快的旋律在空中回荡。

这是山雀，白山雀。

它们不是北方来客，而是翻过乌拉尔的崇山峻岭，从东方，从冰雪肆虐的西伯利亚来到这里的。那边早已是严冬，矮个子的河柳已经被深雪埋得严严实实。

/ 该睡了 /

厚厚的灰色云团遮住了太阳。天上下起了湿漉漉的灰雪。

一只肥胖的獾气呼呼的，一瘸一拐地朝自己的洞口走去。它很不开心：林子里既潮湿又肮脏。该到地下深处去了——那里有干燥、清洁的沙土窝。该是躺下睡觉的时候了。

羽毛蓬松的小个子林鸦在树林里打起架来。湿漉漉的羽毛闪着咖啡渣一般的光泽。它们扯开喉咙发出一阵阵尖叫。

一只老鸦在树顶上发出了低沉的哇哇声：它看见远处有一具动物尸体。它飞了起来，翅膀闪动着蓝黑色的光亮。

树林里静悄悄的。灰色的雪重重地压在微黑的树枝上，落在褐色的地上。地上的树叶开始腐烂了。

雪越下越大。天空中飘起的鹅毛雪花，洒落在黑色的树枝上，覆盖了地面……

严寒肆虐，我们地区的河流一个接一个地封冻了：沃尔霍夫河、斯维尔河、涅瓦河……最后，连芬兰湾都封冻了。

/ 最后的飞行 /

在十一月的最后几天，雪已经集成堆了，天气突然变得暖和起来。但是雪并没有融化。

早晨我外出散步，只见雪上到处——灌木丛里的路上和树木之间——都飞着黑色的小蚊子。它们有气无力、没头没脑地飞着。它们不知从什么地方飞上来，好像是被一阵风吹过来的，虽然这时完全没有风，然后又侧着身子落到雪地里。

午后，雪开始融化，水滴从树上滴落下来；如果你抬起头，水珠就会滴落到你的眼里，冰冷湿漉的雪尘就会打到你的脸上。现在，不知又从哪儿飞来了成群结队的小苍蝇——也是黑色的；这种小苍蝇小蚊子，我在夏天也没见过。小苍蝇快活地飞着，不过飞得很低——几乎就贴着雪面。

一阵更冷的风吹来，刚才那些苍蝇蚊子都没了踪影。

■ 森林通讯员　维利卡（少年自然科学研究组组员日记摘抄）

森林大事记

/ 貂追松鼠 /

我们这里的森林中来了很多游牧的松鼠。

在它们生活的北方，松果已经不够它们吃了——那里收成很不好。

这些松鼠坐在松树枝上，用后爪抓住树枝，前爪捧着松果。它们就这样啃着。

一只松鼠手里的松果从爪子里掉落了，落到了雪地里。松鼠有些舍不得，它生气地叫了一声，从这个树枝跳到那个树枝，再从那个树枝跳到另一个树枝——它在往下跑。

来到地上，它一蹦一跳，一蹦一跳，前脚一撑，后脚一托，就这样一蹦一跳地前进着。

忽然，小松鼠看见在一堆枯枝里，有动物的深色皮毛一闪，还有一双滴溜溜转得飞快的眼睛……松鼠立刻将松果的事抛在了九霄云外。它一蹦，蹿到了离它最近的第一棵树上，然后顺着树干往上爬。紧接着从枯枝堆里出来一只貂，它紧随在松鼠的后面，也上了树。松鼠已经爬到了树枝末端。

貂顺着树枝爬上去，松鼠一跳又跑了！它跳到了另一棵树上。

貂将自己窄窄的蛇一般的身体缩成一团，脊背成了一个弧形，同样跳起来。

松鼠已经到达了树干的顶端。貂也沿着树干跟在后面跑。松鼠十分灵活，而貂更加灵活。

松鼠到达了树顶，再往上就没地方可去了，而旁边没有别的树。

眼看着貂就要追上来了……

松鼠一跳，跳到了下面的一个树枝上。貂紧随其后。

松鼠在树枝的最末端，而貂在更粗一些的树干上。松鼠一跳，一跳，一跳，再一跳！这是最后一段树枝了。

下面就是地面，上面是貂。

松鼠别无选择了：它一蹦，到了地上，想要往另一棵树上跑。

你瞧，到了地面上松鼠和貂就没什么好比的了。貂三蹦两跳就追了上来，把松鼠扑倒在地——这下，松鼠完蛋了……

/ 兔子的诡计 /

深夜，灰兔潜入一个果园。天快亮的时候，它已经啃光了两棵嫩苹果树的树皮，因为嫩苹果树的树皮太甜了。雪花飘落到它的头上，它一点也没有在意，还是一个劲儿地啃啊嚼啊，啃啊嚼啊。

村里传来了公鸡打鸣的声音：一声，两声，三声。狗也跟着叫起来。

灰兔这时才回过神来：趁人们还没起床，应该逃回林子里去。四周白茫茫一片，它的棕红色皮毛远远就能看得见。它真是羡慕白兔啊，浑身都是白色的。

夜里落下的雪松软温暖，一踩上去就是一个脚印。灰兔一跑，就留下了脚印。它的后脚掌长长的，伸出得比前脚掌还远；而它的前脚掌短短的，只留下了一个小圆点。在蓬松的雪面，每个爪印、每个脚痕都清晰可见。

灰兔穿过一片田野，进了一片树林，它的脚印也一直跟随它延伸着。吃得饱饱的灰兔，多想躺在灌木丛底下睡上一小会儿啊。问题是，不管你藏到哪里，脚印都会出卖你。

灰兔开始打起了歪主意：得把自己的脚印搞乱。

这时，村里的人们已经起床了。果园主人从屋里走出来，到园子里一瞧：我的天哪！两棵最好的嫩苹果树树皮都被啃光了！他再往雪地里一看，什么都明白了：树下有好多兔子的脚印。果园主人恨得捏紧了拳头：等着吧，看我扒你的皮！

他转身回屋，给枪上好子弹，拿着枪就朝雪地里走。

这会儿，灰兔已经翻过了篱笆，朝田野里跑去。林子里，只有灌木丛周围留下了一圈脚印。这也不管用，总会找到你的。

这是灰兔的第一招：它在灌木丛周围留下一圈脚印，然后穿过这个圆圈。

它还有第二招。

果园主人沿着脚印跟踪，却被这个圈绕进去了。猎枪只能上膛待命。

嗯，这是什么？脚印中断了——周围什么痕迹也没有。不管灰兔跳到哪里，都应该留下痕迹啊。

果园主人低头查看痕迹。嗨！又是一招：灰兔回过头，沿着自己的脚印又跑回去了。脚印丝毫不差，你很难分辨出这是"双层"的，是踏过两次的脚印。

果园主人沿着脚印往回走。他走啊走，又回到田野里了。这就是说，他刚才判断错了，在之前的某地方兔子又耍了什么花招。

果园主人往回走，又回到有"双层"脚印的地方。啊哈，这不，"双层"脚印很快就不见了，前面是只走过一遍的脚印。看来，这家伙显然是在这里跳到一边去了。

嗯，果真如此：灰兔的确是沿着脚印返回，等穿过灌木

丛，它就跳到另一个方向去了。现在，脚印重新变得均匀。可突然脚印中断了。又是一圈新的"双层"脚印直抵灌木丛，再往前，脚印跳开了。

现在仔细看看左右……它跳向了那边。那灰兔就在灌木丛下面的某个地方。还想蒙混过关，休想！

那灰兔真的就在不远的地方。只是，它不在猎人估摸的那个灌木丛下，而是在一大堆枯枝里睡大觉呢。

在梦里，它似乎听见了沙沙的脚步声。这声音越来越近，越来越近了……

灰兔抬起头，看见一双脚正在枯枝堆里走动。黑色的枪筒都快杵到地上了。

灰兔轻手轻脚地从藏身的地方出来，箭一般飞快地跑到枯枝堆后面。短短的白尾巴在灌木丛中一闪，便不见了踪影。

果园主人最后只好空手而归了。

/ 不速之客——隐身鸟 /

我们的林子里，还来了一个夜行盗贼。它不易被发现：夜晚天色太暗，而白天它的颜色又和白雪难以分辨。它是极地居民，永远都穿着与北方的雪同样颜色的衣服。它就是北极雪鸮。

北极雪鸮和鸥鸮个头差不多，力气却没有鸥鸮那么大。它吃大大小小的鸟、老鼠、松鼠和兔子。

现在北极雪鸮的老家冻土带天寒地冻，几乎所有的小动物都藏到洞里去了，鸟儿也都飞走了。

饥饿使雪鸮不得不远走他乡，流落到我们这里。看来在明年春天到来之前，它是不打算回家了。

/ 啄木鸟的坚果铺* /

我们的菜园后有很多老白杨树和老白桦树，还有一棵十分古老的云杉树。云杉树上挂着许多果子。一只五颜六色的啄木鸟就冲着这些果子飞来了。啄木鸟落在一根树枝上，用它长长的嘴摘下一个果子，然后沿着树干往上爬。它把果子塞进一个树缝，开始用嘴去啄。从果子里啄出籽来以后，它就把果子扔下，又去采另一个果子了。采到果子后再把第二个果子往树缝里一塞，接着是第三个，就这样一直忙到天黑。

■ 森林通讯员　列·库波列尔

农庄日志

这一年，我们农庄人的劳动成绩卓著。在我们地区，每公顷一吨半的收成对许多人来说都是平常事，两吨的收成也不是什么稀罕事。斯达汉诺夫小组的工作成绩尤其突出，他们获得劳动英雄称号是当之无愧的。

对于农庄人的忘我工作，国家给予了极大的荣誉。有突出劳动成绩的人们，分别获得了劳动英雄称号或授予其他各种勋章、奖章。

冬天就要来到。

农庄里的田间劳作已经结束了。

女人们开始在牛圈里忙碌，男人们往牲畜栏里运送饲料。有猎犬的人打松鼠去了。而更多的人则去了伐木场。

灰色山鹑一群群往农舍聚集。

孩子们跑到学校去了。白天，他们放夹子捕鸟，坐着雪橇从小山坡往下滑；夜晚，他们做功课，读书。

/ 小助手 * /

每天，农庄里都能看到孩子们的身影。他们有的在谷仓帮着选种，备下明年的春播种子；有的在菜窖里帮忙，选出最好的土豆准备留种。

男孩子们在马圈和打铁铺里帮忙。

在牛栏、猪圈、养兔场和养鸡场里，很多孩子都是后备援手。

我们在学校学习，在家还可以帮忙做些家里的活计。

■ 少先队大队长　尼古拉·利万诺夫

城市新闻

/ 瓦西里岛的乌鸦和寒鸦 /

涅瓦河结冰了。每天下午四点，施米特中尉桥下游（第八大街对面）的冰面上，都会聚集一群乌鸦和寒鸦。

在一阵吵吵嚷嚷之后，鸟儿们就分成几群飞到瓦西里岛各个公园过夜去了。每个鸟群都有自己喜欢的公园。

/ 侦察兵 /

城市公园和墓地里的树木和灌木都需要保护。而它们的敌人是人类难以对付的。这些坏家伙个子又小又狡猾，藏在树皮或树干里，人的肉眼是看不到的。这就需要特殊侦察兵来帮忙。

在大公园和墓园，我们可以看到一群群这样的侦察兵在忙碌。

侦察兵的首领就是五彩啄木鸟，它的帽子上有一圈红色的羽毛。它的喙像一把长矛，能刺穿树皮。它不断大声地发出果断的命令："去克！去克！"

啄木鸟的身后跟着各种各样的鸟儿：有戴着尖尖高帽的凤头山雀，有像大帽子上插了短钉子的胖山雀，有黑眼睛莫斯科雀。在这支队伍中，还有穿浅褐色外套、喙像锥子的旋木雀，白胸脯蓝制服的鸭，它们的喙也尖得像把利剑。

啄木鸟发出指令："去克！"

鸸重复命令:"特别急!"山雀们回答道:"去克,去克,去克!"大部队便开始行动了。

　　侦察兵很快占领了树干和树枝。啄木鸟用它那又尖又硬、像根针似的舌头,把食树虫从树皮里啄出来。鸸在树干上头朝下地跑来跑去,只要发现了什么虫子或者是它们的虫卵,它就把自己像薄薄的利剑般的尖喙伸进树皮的缝隙。旋木雀沿着树干往下跑,用锥子般的弯嘴去戳树干。小山雀们在树枝上快乐地转着圈子。它们查看着树上的每一个小洞,每一处缝隙,没有一只小害虫能逃得过它们锐利的眼睛和灵巧的小嘴。

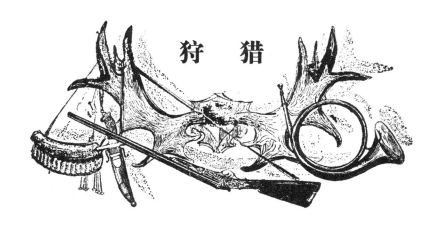

狩　猎

　　秋天,皮毛兽的狩猎期开始了。快到十一月时,这些小动物都已经把自己收拾得整整齐齐的。它们脱去薄薄的夏衣,换上了厚实蓬松的冬装。

/ 猎 鼠 /

一只小小的灰鼠有多大用处呢?

在我国的畜牧经济中,它占有很重要的位置。每年,我国要消费数千大捆灰鼠尾巴。用这些华丽的灰鼠尾巴,人们制成了帽子、领子、耳罩和其他一些保暖用品。

除了尾巴,鼠皮还有其他用途。人们用灰鼠皮制成蓝色漂亮女大衣和毛皮披肩,这些衣物又轻又暖和。

第一场雪刚刚落下,猎人们的猎鼠行动就开始了。在灰鼠数量多和容易猎到灰鼠的地方,总有不少老人和十二岁到十四岁的半大孩子。

猎人们要么一伙,要么独自一人,他们在林子里一住就是好几个星期。从早到晚,他们驾着又宽又短的雪橇在林子里来回走动着,朝灰兔射击,安放和查看捕鼠器和捕兽陷阱。

猎人们在地窝子或低矮的小木屋里过夜,在这样的地方连腰都直不起来,还经常被埋在雪里。他们在一个像壁炉的炉子里做吃的。

猎人们猎鼠的第一伙伴是莱卡犬。没有这个伙伴,猎人就好像没有眼睛。

莱卡犬是一种很特别的猎狗,产于我国北方。如果说冬季到林子和森林里打猎的话,世界上再没有比它更合适的助手了。

莱卡犬会为你找到白鼬、鸡貂和水獭的窝，并把这些小动物咬死。夏天，它会为你从芦苇里赶出野鸭，从林子里赶出琴鸡；它也不怕水，甚至是冰冷的水也不怕，就是河里有冰凌的时候，它也会游过去把打死的野鸭找回来。秋天和冬天，它会帮助主人捕猎松鸡和黑琴鸡，这两种野禽在这个时候并不怕猎犬的蹲守，但莱卡犬会坐在树下，冲着它们狂叫，以吸引它们的注意力。

带着莱卡犬，你还可以在湿滑泥泞和薄雪覆盖的路上找到麋鹿和熊的踪迹。

如果遇到可怕的动物攻击你，忠实的朋友莱卡犬不会弃你不顾，它会死死咬住对手往后拉，给主人留出时间上膛和射击，甚至不惜自己的性命。不过，最为令人称奇的是，莱卡犬能帮助猎人找到灰鼠、貂、黑貂和猞猁，这些动物可都是生活在树上的啊。没有任何其他的猎犬能帮助人们找到树上的灰鼠。

冬天或者晚秋，当你走在云杉、松树和混合林里，四周静悄悄的没有任何声音，没有任何东西闪现，没有任何禽类的叫声，你会觉得自己似乎置身沙漠，完全不见野兽的踪影，周围死一般的寂静。

但是，你带着莱卡犬进林子去，你一定不会寂寞。莱卡犬会在树底下找到白鼬，会把白兔撵出窝，会顺路咬住一只林䴉

鼠，而会隐身的松鼠不管藏到密林中的哪个地方，莱卡犬也会把它找出来。

实际上，莱卡犬既不会飞也不会上树，如果空中的动物不会偶然间落到地面上，那它怎么能找到它们呢？

被猎人带着捕猎野兽和追踪野兽足迹的猎犬，都应该有很好的嗅觉。鼻子，就是这些猎狗最重要的"劳动工具"。它们即使是瞎子，是聋子，还是一样能很好地完成任务。

而莱卡犬同时具有了这三种"劳动工具"：灵敏的嗅觉，锐利的视觉，机敏的听觉。对莱卡犬来说，这三种"劳动工具"已经不是工具，而是它的三个仆人。

灰鼠刚用爪子去抓树枝，莱卡犬那永远竖起的警惕的耳朵就会悄悄地传达信息给莱卡犬："有小野兽在此。"灰鼠的尾巴在松叶间一闪，莱卡犬的眼睛就会告诉莱卡犬："灰鼠在这里。"一阵微风把灰鼠的气味吹下来，莱卡犬的鼻子就会向莱卡犬报告："灰鼠就在上面。"

　　靠着这三个仆人的帮忙，莱卡犬发现了小野兽的踪迹，靠着它的第四个仆人——声音的帮忙，它就可以忠诚地为狩猎主人效劳了。

　　在发现树上的小动物和小鸟以后，优秀的莱卡犬不会直接扑向树上，也不会用爪子去抓树干，那样很可能惊动树上的小动物。它会蹲守在树下，竖着警惕的耳朵，目不转睛地盯着灰鼠藏身的地方，时不时发出一阵叫声。在主人没有到来或没有叫走它的时候，它是不会离开的。

　　猎灰鼠的方法其实很简单：小动物被莱卡犬发现以后，它的注意力就转移到莱卡犬身上去了，而猎人只消在这个时候悄悄地举枪瞄准就行了。

　　用散弹打灰鼠不太容易命中。所以猎人一般用小铅弹打灰鼠，而且最好打它的脑袋，这样才不会破坏它的皮毛。冬天，灰鼠的伤口很容易痊愈，所以一定要打准。否则，它会躲到密林中，你就再也找不到它了。

　　还可以采用捕鼠夹和其他的捕兽器捕猎灰鼠。

　　捕鼠夹的装置非常简单：找来两块厚厚的窄木板，把它们固定在两个树干之间；用一根细木棍撑起上面那块木板，细木棍上绑着香甜的诱饵：通常是烤蘑菇或者腌鱼。等灰鼠一碰诱饵，木板就会落下夹住灰鼠。

只要积雪不是很厚，整个冬天都可以捕猎灰鼠。春天，灰鼠开始脱毛。而深秋之前灰鼠是不能打的，因为那时它还没换好华丽的蓝色冬装。

/ 带着斧头打猎 /

在捕猎凶猛的皮毛兽时，猎人不仅仅要使用猎枪，还要使用斧头。

莱卡犬凭着灵敏的嗅觉，找到了有鸡貂、白鼬、伶鼬、水貂或水獭的洞穴。而把动物从窝里赶出来，则是猎人的事情了。这件事做起来也不是很轻松。

这些凶猛的小动物，往往把自己的小窝建在地底下、石堆里或者是树根下面。危险来临的时候，不到最后一刻它们是不会离开自己的藏身之地的。猎人就得用木棍或铁棍去捅，甚至是用手去扒开石头，用斧头劈开粗大的树根，砸开冻结的土块，或是用烟把猎物从洞里熏出来。

只要它一现身，就难以逃脱：莱卡犬不会放过它，直到把它咬死。

或者，猎人就可以开枪射击了。

/ 猎 貂 /

在林中猎貂要困难得多。要发现貂捕食小动物和小鸟的地方，这不成问题。因为那里的雪地上总会留下爪印和血迹。而要找到貂饱餐以后的藏身之所，就需要一双非常锐利的眼睛了。

貂是在空中行进的：从这根树枝跳到那根树枝，从这棵树跳到那棵树，就像松鼠。不过它总会在雪地上留下一些痕迹：被折断的小枝丫，小绒毛，小球果，用爪子抓下的一小块树皮，等等。有经验的猎人，就会根据这些线索确定貂的空中行进路线。而这样的线路一般都很长，要延续几公里。为了不失去这些线索，需要极大地集中注意力，最后才能凭着这些线索找到貂。

希索伊·希索伊奇第一次发现貂的痕迹时，身边并没有带着猎犬。他只好独自踏上追踪之途。

他划着雪橇走了很久。他一会儿很有信心地往前走一二十米，因为貂曾经在这里下地并留下了爪印；一会儿又慢慢向前挪，仔仔细细地查看这位空中旅行者留下的蛛丝马迹。那天，他不只一次地叹气，后悔没把忠实的朋友莱卡犬带在身边。

夜晚降临了，希索伊·希索伊奇还在林子里。

　　小胡子希索伊·希索伊奇点起一堆篝火，从怀里取出一小块面包，慢慢嚼着。不管怎样，他得熬过这漫漫冬夜啊。

　　清晨，貂的足印把猎人带到一棵干枯的云杉树前。这一次很有收获：希索伊·希索伊奇在云杉树干上发现了一个树洞，猎物应该在里面过夜，说不定还没出来呢。

　　希索伊·希索伊奇将枪上了膛，右手拿枪，左手用树枝去敲打树干。他敲一下就扔掉树枝，两手端起枪，好在貂一露头时就立刻开枪。

　　貂没有露头。

　　希索伊·希索伊奇又拾起了树枝。这次他敲得很使劲，越来越使劲。

貂始终没有出现。

"唉，睡熟了，"猎人沮丧地想，"快醒来，瞌睡虫！"

他用树枝使劲敲着，咚咚咚的声音响彻了整个林子！

显然，貂并不在树洞里。

这时，希索伊·希索伊奇才想起应该看看云杉树的四周。

树洞里是空的，在树干的另一面还有一个树洞的出口，被干树枝遮住了。树枝上的雪被碰掉了：貂从云杉的这一侧树洞里溜出来，跑到旁边的树上去了。粗粗的树干挡住了猎人的视线。

没办法，希索伊·希索伊奇只好继续往前追踪猎物。

在勉强能看出痕迹的地方，他又转了整整一天。

希索伊·希索伊奇终于发现了一个明显的痕迹，足以证明他追踪的猎物就在离他不远的地方。他找到一个松鼠窝，貂已经把松鼠从里面赶跑了。很明显，貂和松鼠纠缠了很久，最后终于在地上追到了它：松鼠肯定是没了力气，在逃跑的时候从树枝上落了下来。于是，貂就三步两步地上前追上了它。看情形，貂在雪地上已经饱餐了一顿。

没错，希索伊·希索伊奇追踪的路线是正确的。但是，他已经无法再往前走了：从昨天起他就什么也没吃，他身上一粒面包渣都没有了，再说天气是这样寒冷，这样的夜晚在林子里过夜会被冻僵的。

希索伊·希索伊奇懊丧极了，他一边骂骂咧咧，一边沿着来路往回走。

"要是碰到个什么野兽，"他想着，"那就不管三七二十一开它一枪。"

走过松鼠窝的时候，气呼呼的希索伊·希索伊奇从肩上取下枪，瞄也不瞄就朝着它开了一枪。他没有其他目的，只是为了发泄心中的郁闷而已。

树上应声落下一些树枝和苔藓，而令希索伊·希索伊奇大吃一惊的是，一只皮毛华丽、身子细长的貂竟然也落到了他的脚前，还在进行着临死前的挣扎呢。

希索伊·希索伊奇事后才听说，这种事情并不少见：貂抓住松鼠，吃了它，然后回到被它吃掉的主人的暖窝里去，把身体一蜷，呼呼大睡起来。

■ 特约通讯员

/ 白天与黑夜 /

十二月中旬，松软的积雪已到了膝盖。

太阳落山时分，黑琴鸡一动不动地坐在光秃秃的白桦树枝上，在玫瑰色的天空上留下了几道深色的剪影。突然，它们一只接一只地往下飞，落到雪地里，不见了。

黑夜降临。这是一个没有月亮的夜晚，四周一片漆黑。

在黑琴鸡们消失的林中空地，希索伊·希索伊奇出现了。

他手里拿着捕兽网和火炬。浸过油的亚麻秆发出明亮的火光，黑夜的帷幕被推到一边去了。

希索伊·希索伊奇小心翼翼地往前走着。

突然，在他前面两步远的雪地里冒出了一只黑琴鸡。明亮的火光晃得黑琴鸡什么也看不见了，它就好像一只巨大的黑色甲虫，无助地在原地打转转。猎人很利落地用捕兽网罩住了它。

就这样，希索伊·希索伊奇在夜里活擒了很多黑琴鸡。

可是在白天，他是乘着雪橇用枪来打它们的。

这一点很奇怪：站在树顶上的黑琴鸡是不可能让一个步行的人走近自己，并对自己开枪射击的；而同一个猎人，如果他坐着雪橇，哪怕载着整整一车农庄的货物，那些黑琴鸡就别想逃过他的手心！

靶　场

第九场竞赛

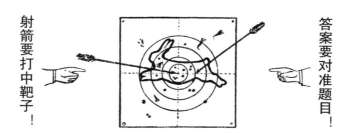

射箭要打中靶子！

答案要对准题目！

1. 螃蟹在哪里过冬？

2. 鸟儿们最怕什么，是冬天的寒冷还是饥饿？

3. 如果兔子白得比较晚，这一年会是怎样的一个冬天——早冬还是晚冬？

4. 什么叫啄木鸟的"坚果铺"？

5. 哪种凶猛的夜行动物只在冬天的时候出现在我们这里？

6. "兔子的旁跳"是怎么一回事？

7. 乌鸦在秋天和冬天都在什么地方过夜？

8. 最后一批鸥和野鸭在什么时候飞离我们？

9. 秋天和冬天，啄木鸟和哪些鸟儿在一起？

10. 什么叫"拖痕"？

11. 猫的眼睛在白天和夜晚都是一个样吗？

12. 什么叫"双层"脚印？

13. 什么叫"雪上兔迹"？

14. 什么动物在冬天周身变得雪白，除了尾巴尖？

15. 这里画出了食草动物和食肉
动物的颌骨。你能根据牙齿来分辨它
们吗？

16. 没手没脚，敲打窗门，没人邀请，自己进门。（谜语）

17. 两个亮着，四个分着，一个睡着。（谜语）

18. 水里生，但怕水。（谜语）

19. 比煤炭黑，比白雪白，比房子高，比小草矮。（谜语）

20. 走着个汉子，背着个袋子，袋子沉了，心里乐了。
（谜语）

"神眼"第八次测试

是谁做了这些事?

1. 这是谁的脚印(图1)?

图1

2. 屋顶上有动物在原地转圈(图2)。它是谁? 为什么这么转?

图2

3．雪地里的小圆洞是什么（图3）？是谁在这里过了夜？是谁留下了脚印和羽毛？

图3

4．怎么回事？这些脚印为什么会凌乱？树枝上挂着谁的犄角（图4）？

图4

公　告

请为鸟儿们开办免费食堂

可以用绳子把一块木板直接吊在窗外，并在上面撒上一些吃食：面包渣、晾干的蚁卵、面虫、蟑螂、熟蛋屑、奶渣、大麻籽、花楸果、越橘、白球果、小米、燕麦、牛蒡。

不过最好在树上装一只饲料瓶，下面再放一个木板。

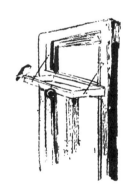 

当然更好的办法是在园子里安放一张真正的餐桌，上面加一个屋顶，这样雪就不会落在桌上了。

　　请记住，对我们小小的朋友——鸟儿们来说，最艰难的时刻来到了，现在是它们挨饿受冻的时期。别等到春天，现在就为它们搭建舒适温暖的家吧——小树洞，椋鸟房，小窝棚。这样，你就能够帮助它们躲过致命的天气。很多幼鸟为了躲避冷风和落雪，会聚集到人们的周围，在房檐下或台阶上过夜，一只小鹡鸰甚至在树干间钉着的邮箱里过夜。

　　请在椋鸟房和小树洞里（参见第 1 期和第 2 期的广告）铺上毛线、羽毛和破布，鸟儿们就有温暖的羽绒褥子和被子了。

谜底
与
答案

靶场谜底

/ 第七场竞赛 /

1. 从9月21日开始，这是秋分。

2. 母兔。最后一批出生的小兔子叫"落叶兔"。

3. 花楸树、杨树、槭树。

4. 不是所有的鸟。有的鸟离开我们去了东面（翻过乌拉尔山脉），比如小朱雀、小滨鹬、小瓣蹼鹬。

5. "犁角"，来源于"犁"一词。老驼鹿的角很像一把犁，所以以此称呼它。

6. 防着兔子和狍子。

7. 黑琴鸡（雄性）。这几句话是模仿了它们咕噜咕噜的叫声。黑琴鸡在春秋两季就是这么叫的。

8. 生活在地上的鸟，为了便于走路，所以脚趾张得很开。这种鸟走路时两腿轮换着走，所以它的脚印就成了一条线。而

生活在树上的鸟，为了便于在树枝上站稳，所以脚趾并得很拢。这种鸟在地上不是走，而是两只脚一起跳，所以它的脚印就成了两行。

9. 在鸟儿飞走时射击更容易命中，因为子弹可以打到它的身体里去。在鸟儿迎面飞来时射击，子弹可能滑过密实的羽毛而鸟儿毫发无损。

10. 说明森林中有动物的尸体，或者是有受伤的动物。

11. 因为母鸟每年会在同一个地方孵小鸟。如果打死了母鸟，这种野禽就会搬走。

12. 蝙蝠。在它长长的脚趾间有蹼。

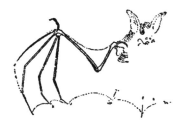

13. 它们大部分在第一次寒流袭来时就死了。剩下的一小部分躲进了树木、栅栏、木屋的缝隙里，或者到树皮底下过冬去了。

14. 要面朝西方，朝着日落的方向；在晚霞中，可以更清楚地看到飞着的野鸭。

15. 当猎人没有打中鸟儿的时候。

16. 秋播。头年播种，第二年收获。

17. 毛脚燕。

18. 树叶。

19. 雨。

20. 麻雀。

/ 第八场竞赛 /

1. 往山上跑方便。兔子的前腿短，后腿长，所以上山时跑得轻松，如果从陡峭的山上往下跑，那就得打着滚下来了。

2. 在树叶掉光了的树上，我们可以清楚地看到夏天被树叶遮住的鸟巢。

3. 松鼠。它们把蘑菇拖上树，串在短树枝上，冬天没食物的时候就来取这些干蘑菇吃。

4. 水老鼠。

5. 会，但是不太多。猫头鹰把死鼠拖进树洞，松鸦则收藏橡实和坚果。

6. 它们会封住蚂蚁穴的所有出入口，然后大家抱团挤在一起。

7. 空气。

8. 黄色或者褐色。这些颜色接近发黄的植物的颜色，如灌木、乔木和野草。

9. 秋天。因为鸟儿在秋天会长膘，厚厚的脂肪层和密实的羽毛可以保护它们。

10. 蝴蝶（经放大镜放大以后的）。

11. 昆虫只有六条腿，而蜘蛛有八条腿。所以，蜘蛛不是昆虫。

12. 它们去了水里，或者藏进了石头缝里、土坑里、淤泥中或苔藓下，甚至常常躲进地窖里。

13. 每种鸟的脚都必须适应这种鸟的生活环境。生活在陆地上的鸟，必须善于在地上行走，它们的脚趾长长的，并大大张开，腿高高的。生活在树上的鸟，必须能稳当地停落在树枝上，它们的脚趾紧紧靠拢，弯曲而攀附力强，腿短。而生活在水上的鸟儿，必须善于游泳，它们的脚就像船桨。鸭子的脚趾间有蹼相连，凤头䴙䴘的脚趾上也有坚硬的蹼，这样可以帮助腿来划水。

14. 田鼠。因为它必须用脚来挖土，就像鱼得用鳍来划水一样。

15. 猫头鹰支起的"耳朵"实际上是它的两簇羽毛，它真正的耳朵就在这两簇羽毛下面。

16. 落叶。

17. 河；河里的浪花。

18. 啤酒花（一种葎草属的植物）。

19. 地平线。

20. 游回河里，长成大鳗鱼。

/ 第九场竞赛 /

1. 在河边和湖边的小洞穴里。

2. 对鸟儿们来说，饥饿比寒冷更加可怕。比如说野鸭、天鹅和鸥，通常只要那里的水面没有结冰，它们有足够的粮食，它们就会留在那里过冬。

3. 晚冬。

4. 啄木鸟的"坚果铺"指的是一些树或者树桩，啄木鸟把松果塞进这些树或者树桩的缝里，然后用嘴去啄它们。在这些"坚果铺"下面，被啄木鸟啄坏的松果常常堆得像一座小山似的。

5. 白色的雪鸮。

6. 就是兔子从连续不断的脚印中向旁边跳开。

7. 在花园、密林和树上。从傍晚开始，这些地方就聚集起了成群结队的乌鸦。

8. 当最后一批湖泊、池塘和河流结冰的时候。

9. 和成群的山雀、旋木雀、鸭在一起。

10. 野兽从雪里拔出爪子时，会将坑里的雪带出来一些，并留下了它的爪痕。这些爪痕，就被猎人们叫作"拖痕"。

11. 不是。白天，在阳光的照射下，猫的瞳孔会变小；夜里，它的瞳孔会加倍放大。

12. 指兔子来回走两趟的脚印。

13. 即兔子在雪上留下的足迹。

14. 貂。

15. 食肉动物的颌骨很容易分辨出来，

它们用犬牙来撕开猎物的肉，所以它们的犬牙大而突出（左图）。食草动物的牙用来扯断和嚼碎植物，所以犬牙并不突出，而门牙（前齿）十分有力（右图）。

16. 风。

17. 狗在睡觉，两只眼睁着，四条腿张着。

18. 盐。

19. 喜鹊。

20. 背着枪扛着猎物的猎人。

"神眼" 测试答案

/ 第六次测试 /

图1，野鸭来过这个池塘。请注意，被露水打湿的苔草和水面上的浮萍中间有一条条痕迹。这就是野鸭聚集的痕迹，是野鸭在苔草间走动和在池塘里游来游去时留下的。

图2左，靠地面很近的白杨树树皮，是被小个子动物啃掉的，也就是兔子。

图2右，兔子不可能啃得着这么高的树皮。这是一只个子很高的动物干的，是麋鹿。它还折断了树枝，把嫩树枝给吃了。

图 3，小"个"字是爪印，黑点是丘鹬在软泥里觅食时用长长的嘴啄出的小洞。下雨时，丘鹬常常来到林中小路上，在小路两边软软的泥巴里为自己找吃的（蚯蚓或其他软体动物）。

图 4，这是狐狸干的事。捉住刺猬以后，狐狸先把它咬死，然后从它那没有刺的肚皮开始吃，最后就只剩下了刺猬的一张皮。

/ 第七次测试 /

图 1.a，这是交嘴鸟干的。这种鸟的嘴上下交叉弯曲。它们紧抓树枝，啄下松果，把其中的松子吃掉以后把球果抛到了地上。

图 1.b，在树下，松鼠拾起被交嘴鸟扔掉的没有吃干净的松果。它们跳到树墩上，继续扒里面的松子吃，松果最后就只剩下核了。

图 1.c，林鼠吃榛子的时候，是用牙在果壳上面啃一个小洞，然后从这个洞里把果仁掏出来。松鼠是把壳全啃掉再吃的。

图 1.d，这是松鼠在小树枝上晒蘑菇。它们把蘑菇晒干备用，要挨饿的时候，它们在树上还有粮食储备呢。

图 2，这是啄木鸟干的。就像医生给病人诊病一样，啄木鸟会把树干里的害虫的幼虫都啄出来。它围着树干跳着，敲打着，又尖又硬的嘴在树干上留下了一圈圈的小洞。

图3，是金翅雀，它非常喜欢牛蒡的头状花。

图4，这是熊干的。它用爪子把云杉树的树皮一条一条地撕下来，再拖到洞里去，这样它冬天就可以睡在软软的床垫上了。

图5，这是麋鹿干的。它在这里待了很久，干了不少坏事：小白杨树被推倒了，小赤杨和花楸树被推倒了，树枝被啃光了；一些大树上的树枝也被折断，上面又嫩又鲜的树梢也被啃光了。

/ 第八次测试 /

图1，这是小狗在追兔子。兔子的脚印是一跳一跳的，而斜着追上去的，是狗的脚印。

图2，这是灰色的林鸮夜里在棚顶上待过。它在这里守候着，看会不会有大大小小的老鼠跑过。它在这里待了很久，四处巡视，来回踱步，于是留下了小星星一样的脚印。

图3，这是黑琴鸡在雪下过了夜。它们在自己的雪下卧室旁留下了脚印和羽毛，飞走时留下了一个个小坑。

图4，什么特别的事也没发生。只不过是一只麋鹿在这里待过。到了要换掉旧角的时候，它总会在一个地方转来转去，在树枝上把自己的角蹭掉。就这样，一只角被蹭掉了，并卡在了树枝上。春天到来之前，麋鹿的头上会长出新的犄角。

无论知识的外壳多么坚硬，也无法阻挡孩子的好奇心

科学虫子

激发孩子**对科学的好奇心**，"科学虫子"不要严肃的科学，不要无趣的知识，用一颗**童心**，以**优雅和戏谑**的态度，精选具有**权威知识性、丰富趣味性**，兼具**文学性和思想性**的世界科学儿童文学作品，为孩子打开科学那貌似坚硬的外壳，呈现另一番全新视界。

《家长和孩子一起玩的小实验.1》　《家长和孩子一起玩的小实验.2》

德国自然科学早期教育研究成果　抽象思维能力 NO.1
－获德国化学工业基金会文学奖－

附赠：《"一起玩1、2"科学实验记录表》

本书作者是德国比勒菲尔德大学的化学教授，她长期研究儿童自然科学教育。

这些实验，都是使用安全无毒又廉价易得的实验材料，制定的实验方案即使是让孩子自己动手也能顺利完成，实验的时间也非常合理（不会耗时过长，消耗孩子的积极性）。更关键的是，这些实验所涉及的知识非常成体系（共分为五大主题），基本囊括了自然科学的基础知识，而且符合这个年龄的孩子的理解力和想象力，能非常有效地训练孩子的抽象思维能力。同时，实验的成功率已经过作者的团队多年的实践检验，孩子从中能充分享受实验的成就感。

特别推荐:

一本超古怪、超有趣、超神奇的宇宙奇书!

本书由两位作者冒险混入火星人内部后,成功来到火星,才写下这本宇宙奇书!书中记录了一个社会体系完整、拥有悠久历史和独特自然体系的火星世界,通过这本古怪的百科全书,向小读者们介绍了伪装在火星内部的火星人生活的方方面面。

罗兰·加里格的插画古灵精怪,为这个幻想中的火星国度平添更多神秘之感。而且文图结合之下,读来趣味十足,令人浮想翩翩,对火星和宇宙更加充满好奇!

绘本采用了很多展开页,仿佛打开了庞大的外星球世界,而且充满很多超有趣的细节。作者借火星人的历史,以不同形态、颜色的火星人最终和睦相处的故事,宣扬爱好和平的主张。